你在为谁工作

从月薪**3000**元到
年薪**100**万元的职场做事秘笈

龙小云 著

Who are you
working for

立信会计 出版社
LIXIN ACCOUNTING PUBLISHING HOUSE

图书在版编目（CIP）数据

你在为谁工作/龙小云著.--上海：立信会计出版社，2016.7

（时光新文库）

ISBN 978-7-5429-5030-7

Ⅰ.①你… Ⅱ.①龙… Ⅲ.①职业道德－通俗读物

Ⅳ.①B822.9-49

中国版本图书馆CIP数据核字(2016)第104624号

策划编辑　蔡伟莉
责任编辑　蔡伟莉
封面设计　主　语

你在为谁工作
NI ZAI WEI SHUI GONG ZUO

出版发行	立信会计出版社			
地　　址	上海市中山西路2230号	邮政编码	200235	
电　　话	（021）64411389	传　真	（021）64411325	
网　　址	www.lixinaph.com	电子邮箱	lxaph@sh163.net	
网上书店	www.shlx.net	电　话	（021）64411071	
经　　销	各地新华书店			

印　　刷	保定市西城胶印有限公司		
开　　本	880毫米×1280毫米	1/32	
印　　张	7.625	插　页	1
字　　数	183千字		
版　　次	2016年7月第1版		
印　　次	2018年4月第4次		
书　　号	ISBN 978-7-5429-5030-7/B		
定　　价	29.00元		

前 言
Preface

有一位父亲告诫他刚刚踏上工作岗位的儿子："无论发生什么事，永远不要鄙夷你手中的工作。如果遇到一位好老板，一定要忠心地为他工作；要是拥有一份好工作，必须把它当成你生命的全部。"

这位父亲是睿智的，他凭借自己一生的工作经历得出一个真理：工作是人一生必须要做的事。只有拥有这种观念的人，他的人生价值才会为之提升，生活质量才会为之提高，事业才能成功。

有一个乞丐，因为上了年纪行走不便，乞讨所得已很难让他将生计维持下去。一天，他遇到了上帝，极力请求上帝满足他三个愿望，上帝欣然答应。

乞丐的第一个愿望就是要变成一位有钱人，上帝立刻满足了他。成为有钱人后，乞丐觉得自己年老体弱，便说出了第二个愿望：年轻40岁。上帝挥挥手，老乞丐变成了20多岁的小伙子。乞丐兴奋极了，心想自己现在又年轻又有钱，如果一辈子不用工作就更好了，便对上帝提出了自己的第三个愿望：一辈子不要工作。上帝又答应了他。于是，乞丐立刻又变回了原来的他——一个整天在路边街角乞讨的又老又脏的乞丐。

乞丐不知发生了什么事，惊叹道："这是为什么？我怎么又变回原来的样子了？"

上帝说："工作是我能给你的最大财富。想一想，如果你什么都不做，整天无所事事，给你再多的东西有什么用？再想一想，你沿街乞讨这么多年，见过几个不工作的富翁？你一辈子不工作，你有什么权力拥有那么多财富？"

乞丐听后呜咽着说："可是我不想一无所有。"

上帝说："你已经将我赐予你的最大恩赐都扔掉了，你只能像以前一样一无所有了。"

你在为谁工作
Who Are You Working For

　　这个颇有寓意的小故事，其现实意义在于告诫人们不要忘记生存的根本。虽然我们不会像乞丐那样贫穷，也不可能像乞丐那样愚蠢地去渴望成为有钱的闲人，但不可否认的是，我们每一个人都或多或少地有过不劳而获的念头和过上安逸生活的欲望。这种想法的本质就是轻视劳动，忽视工作在生命中的价值和重要性。

　　现在，有很多人认为自己所从事的工作只能勉强领薪，在人生事业上无足轻重。正是这样的态度严重地限制了他们的人生价值，阻碍了他们事业的发展。他们置身于自己所从事的工作之中，虽也将工作当成一种必须，但却认识不到工作的真正价值，日复一日、年复一年的辛苦劳作不过是为了生计。他们轻视自己的工作，对工作敷衍了事，总把心思放在怎样才能干一件大事来摆脱自己的现状上。这样的人怎么可能有大的发展？！

　　……

　　在现实生活中，有些人刚开始工作就明白工作的重要性，于是，他们从中体会到了成功，使自己变得充实和富有；而有些人工作一辈子也没弄明白，于是，他们始终与平庸为伍，精神和物质也永远贫乏。

　　工作是唯一能让你致富的事，并不是一句空洞的口号。我们寒窗苦读来的知识，我们的应变力，我们的决断力，我们的适应力以及我们的协调能力都将在工作这个人生最大的舞台上得以展示。除了工作，没有哪项活动能提供如此高度的充实自我、表达自我的机会，以及如此强大的实现自我、创造价值的阵地。

　　工作的质量决定生活的质量，这是一个很平凡的事实。不要以为"致富"都是伟大的、让人津津乐道的壮举。正确地认识自己平凡的工作是成就辉煌的开始。如果你以"养家糊口"的心态对待工作，每天被动地、机械地、三心二意地工作，同时不停地抱怨工作的劳碌辛苦，没有任何趣味，那你的环境会自己变好吗？收入会增加吗？会有很好的前程吗？

　　工作是唯一能让你致富的事，让我们从现在开始。

目 录
Contents

目 录
Contents

你在
为谁工作
Who Are You Working For

第一章
工作对你意味着什么

工作对你而言意味着什么？是一份维持生活的薪水，还是一份成就自己人生的事业？在我们的生活中，工作占去了一天1/3的时间，是我们人生的重要组成部分。有的人认为工作是为了衣食住行，是生活的代价，是不可避免的劳碌。而有的人则认为工作是实现理想所必需的奋斗历程，是自己一生的事业。那么，你是出于哪种需求和愿望，去完成自己的工作呢？

工作质量决定生活质量

工作对你意味着什么？是一份维持生活的薪水，还是一份成就自己人生的事业？生活中我们常常发现，一同到一个公司工作的人，同样的工作条件，同样的起点，几年后却产生了巨大的差距。有的人成为公司里的核心员工甚至是中、高层领导，在该工作领域内举足轻重；有的人却一直碌碌无为，工作总是不见起色，眼睛整天盯着刚够糊口的工资，同那些优秀的人一样早起晚归，生活的质量却千差万别。

诚如我们所知，除了少数天才，大多数人的禀赋相差无几。那么，是什么造成了这种差距呢？是对工作的态度。

一个将工作当成生存需求的人，也就是靠工作来"养家糊口"的人，用工作来满足日常之需当然无可厚非，但是这种没有任何主动性、迫于无奈去工作的人，其力所能及之处只是做多少事拿多少回报，很难在工作中有长远打算，因此永远都是一个平庸者。

一个将工作当成生活保障的人，也就是想有个"铁饭碗"的人。希望凭借自己的工作，过上比较安稳舒适的日子。虽然他们也能够勤勤恳恳地工作，但因过于求稳而鲜有创举和进取之心，最终的结果仍不免流于平庸。

一个将工作当成实现自我价值的人，也就是想通过工作使自己成为"有所作为"的人。他希望通过自己的努力，使别人充分认识到自己的价值，从而得到社会的认可和尊重；更希望在工作中通过不断的挑战自我，发挥出自己的创造性潜质。只有这种视工作为一生的事业的人才能避免流于平庸，也只有这种人，能够最终实现自身的价值。

小王是某公司的一名销售员，每天早上闹铃一响，便从床上挣扎着爬起来，脑子里第一个感觉就是：痛苦的一天又开始了。他早饭也顾不上吃，便匆匆忙忙地挤上公交车向公司赶去。刚跨入公司大门，连洗手间都没来得及去，就被经理叫去会议室布置工作……一天的痛苦工作就这样开始了。

小王上午拜访客户，一连遭到拒绝和冷遇，心情坏到了极点，仿佛世界末日到了。下午四处转了转，等到下班后回到公司胡乱在工作报表上画了几笔，便草草交差了事。回家后一看日历，总算又过了一天！想出去吃饭，钱包里的钱已所剩不多，想到离上个月发工资只过了半个月，止不住地唉声叹气。

将工作当作生存的需求，从来不花时间学习，思想消极，没有明确的目标和计划，从来不好好去研究自己推销的产品和竞争对手的产品，从来不反省自己和公司那些优秀员工间的差距，不知道自己一天都在做什么，不去想为什么会遭到客户的拒绝和冷遇，不在工作中总结经验教训，每当朋友问起，只会说，"单位不行""现在做销售哪有那么容易""哎！混一天算一天呗"……

到了月底一发工资，看着一起进公司的员工越拿越多，自己却越来越少，脸上挂不住，在经理的明为鼓励实是指责的话语下，很生气地炒了老板的鱿鱼。如此，几年内换了五六个公司。日复一日、年复一年，时间就这样流逝了。结果年龄越来越大，越来越缺少从零开始的资本，最终使自己一事无成。

很多企业都可能存在小王这样的员工：他们每天按时上班、下班，每天早出晚归、忙忙碌碌，却不能及时完成工作，同时也很难尽职尽责。

对他们来说，工作只是一种应付，上班应付、加班应付、上司分派工作任务时应付、工作检查更要应付，甚至回到家中也是想怎样去应付第二天的工作。像这样的员工怎么可能有出色的成就呢？像这样的人怎么可能过上高质量的生活呢？

微软公司创始人比尔·盖茨曾说："无论在什么地方工作，员工与员工之间在竞争智慧和能力的同时，也在竞争态度。一个人的态度直接决定了他的行为，决定了他对待工作是尽心尽力还是敷衍了事，是安于现状还是积极进取。态度越积极，决心就越大，对工作投入的心血也越多，相应地从工作中所获得的回报也就越多。"

1872年，一个医科大学毕业的应届生面临择业问题，心中烦恼不堪：像自己这样一个学医学专业的人，一年有好几千人，残酷的择业竞争，该怎么办？

争取到一个好的医院就像千军万马过独木桥，难上加难。这个年轻人没有如愿地被当时著名的医院录用，而去了一家效益不怎么好自然也不怎么出名的医院。可这没有阻止他成为一个著名的医生，并创立了世界驰名的约翰·霍普金斯医学院。

他就是威廉·奥斯拉。他在被牛津大学聘为医学教授时说："其实我很平凡，但我总是积极地工作，脚踏实地地在干活。从一个小医生开始我就把医学当成了我毕生的事业。"

对工作有崇高态度的人可以把"卑微"的工作做成伟大；缺乏事业心的人可以把崇高的工作做成卑下。影响一个人的因素是什么？是这个人的学历，还是这个人的工作经验？是人对工作的态度。

不要以为"事业"都是伟大的、让人津津乐道的壮举。正确地认识自己平凡的工作就是成就辉煌的开始，也是你成为出色雇员最起码的要求。如果在平凡岗位上的我们，以敷衍的态度对待工作，每天被动地、机械地工作，同时不停地抱怨工作的劳碌辛苦，没有任何趣味，那我们的环境会自己变好吗？收入会增加吗？会有很好的前程吗？

当然不会！只能永远做等待下班、等待工资、等待被淘汰的那种为工作而工作的人。

我们左右不了变化无常的天气，却可以适时调整我们的心态。正如人们常说的那样，假如你非常热爱工作，那你的生活就是天堂；假如你非常讨厌工作，那你的生活就是地狱。因为在你的生活当中，大部分的时间是和工作联系在一起的。不是工作需要人，而是任何一个人都需要工作。你对工作的态度决定了你对人生的态度，你在工作中的表现决定了你在人生中的表现，你在工作中的成就决定了你在人生中的成就，你的工作质量决定了你的生活质量。所以，如果你不愿意自己的生活惨淡无味，那就从改变你工作的态度开始吧！

 职场行走指南

【让上司赏识你的十要诀】

1.让上司看到你的表现；2.要求更多的工作与授权；3.借机会表现你的领导能力；4.开拓自己在公司内外的人际关系；5.永远都提前完成上司交给你的工作；6.胆大，勇于冒险；7.热心参加公司活动；8.向表现优异的同事学习；9.加强自己的业务能力；10.规划好自己的事业。

工作是人生最大的财富

对一个人来说，生命中最重要的活动就是工作，无论你在这世界上选择什么样的工作，为什么工作，如何对待工作，从根本上来说，它不是一个简单的关于干什么事和得到什么报酬的问题，而是一个关乎生命意义和人生价值的问题。因为除去工作的其他意义不论，工作首先是一种社会创造，创造必有价值，有价值的东西必会使他人受惠，使他人受惠的创造必然使创造者的工作价值得到提升。因此，我们每一个人在生活中所从事的工作不仅是为了自己的生存问题和事业理想，同时也是在为社会为他人创造价值。

诺贝尔经济学奖得主尼尔·卡尼曼是一位美式足球的铁杆球迷，他从不错过每年1月份的季后赛。美式足球比赛时间为一场60分钟，其实并不算长，但同其他球赛一样，其中少不了犯规、换场、中场休息、伤停补时、教练叫停等，这样要耗费很多时间。花这么长的时间在电视机前看比赛，尼尔·卡尼曼感到很浪费时间，甚至产生了罪恶感。然而，球赛又不能不看，因此，为了在心理上找到平衡，他准备在看球赛时给自己找点事干。

于是他在后院捡了两大桶核桃，放到客厅里，一边看电视，一边敲核桃，这样忙碌着使自己不至于闲着无事，心里自然安定了许多。

可尼尔·卡尼曼边看球赛边敲核桃时，脑子突然冒出了一连串的问题：为什么自己长时间坐在电视机前无事可做会有罪恶感？为什么自己这么一会儿没工作就心里不踏实？

尼尔·卡尼曼在不断地敲核桃的过程中悟出了一个道理：社会赞许工作，工作不仅对个人有好处，对其他人也有好处。如果一个人饱食终日而无所事事，那么除他自己的得失之外，别人也无法享受他从事生产带来的"交换价值"。

尼尔·卡尼曼由此得出一个观点：社会对工作赋予道德上正面的价值，直接或间接地促进了社会的发展和进步。

是啊，社会赋予了工作正面的价值，又鼓励人在工作中实现自身的价值。如果有一天人类停止了工作，这个社会便几乎无价值可言，人类社会的毁灭也就不远了。因此，工作是人生最大的财富，人们不仅可以借此改观自己的生存境况，满足心里上的各种欲望，还可以借此肯定自己人生的价值，以及作为社会大家庭一分子的生命意义。

正如蜜蜂的天职是采花酿蜜一样，人的天职就是工作。如果一个人轻视他自己的工作，那么他不会得到别人的尊敬，同时也会慢慢让自己瞧不起自己。如果一个人认为他在工作中得到的只是苦累、烦闷，甚至已经到了忍无可忍的地步，那么他一定工作得很糟，不是在敷衍工作便是在糊弄自己。同样，如果一个人想坐享其成，不愿参加任何工作，那么他不仅失去了人生最大的财富，同时也失去了自己生命的意义。

美国石油大王约翰·洛克菲勒曾说过："除了工作，没有哪项活动能提供如此高度的充实自我、表达自我的机会，也没有哪项活动能提供如此强的个人使命感和一种活着的理由。工作的质量往往决定生活的质量。"

有一位医生，他在当了 10 年的执业医生之后，赚了一笔钱，于 45 岁宣布退休，全家移民美国，每天从事他最喜爱的两种休闲方式：

打高尔夫球和钓鱼。

一年后，出乎意料，他又回到原来的地方继续做执业医生。

朋友们都很奇怪，这位医生诚实地说："打高尔夫球和钓鱼持续一个月就烦了，没有工作形同坐牢，后来我在美国跟许多移民一样，成了'三等人'。"朋友们都好奇地问："何谓'三等人'呢？"

这位医生苦笑道："首先是等吃饭，吃完饭之后是等打牌，打完牌之后就是等死了。这样等了一年实在让人受不了。只好回来再开业了。"

工作是人生最大的财富，这种财富包括物质更包括精神，人生中那些奋斗拼搏的日子正是追求幸福的过程。西方有句谚语："No pains,No gains."（一分耕耘，一分收获）这句话颇能解释为什么在最新的一份调查中，有33%的美国人愿意长时间工作，因为长时间的工作意味着经济繁荣和更高品质的生活。

为了事业的成功，我们在工作中也许唯有竭尽全力，默默忍受奋斗的艰辛，等待那不全都是成功的"喜悦"，但是我们最终会明白，那些奋斗拼搏的日子正是追求幸福的过程，也正是我们希望拥有的最美丽的日子和最高贵的财富。

 职场行走指南

【为什么别人比你挣钱多？】

因为这些人：1. 完成了任务；2. 有着积极的态度；3. 更显眼；4. 被认为拥有更高的职业潜能；5. 工作更为努力；6. 处在对公司业务有更大影响的位置；7. 对他们的评价更高；8. 更加灵活；9. 和同事以及同僚关系更好；10. 更善于沟通。

责任胜于能力

工作就意味着责任，岗位就意味着任务。在这个世界上，没有不需要承担责任的工作，也没有不需要完成任务的岗位。西方有句谚语："要怎么收获，先怎么栽种。"也就是说，如果我们在工作和生活中养成了尽职尽责的习惯，那就等于为未来的成功埋下了一粒饱满的种子，一旦机会出现，这粒种子就会在我们的人生土壤中破土而出，成长为一棵参天大树。

一个星期天的下午，一群男孩在公园里做游戏。在这个游戏中，有人扮演将军，有人扮演上校，也有人扮演普通的士兵。有个"倒霉"的小男孩抽到了士兵的角色。他要接受所有长官的命令，而且要按照命令丝毫不差地完成任务。

"现在，我命令你去那个堡垒旁边站岗，没有我的命令不准离开。"扮演上校的亚历山大指着公园里的垃圾房神气地对小男孩说道。

"是的，长官。"小男孩快速、清脆地答道。

接着，"长官"们离开现场；小男孩来到垃圾房旁边，立正，站岗。

时间一分一秒地过去了，小男孩的双腿开始发酸，双手开始无力，天色也渐渐暗下来，却还不见"长官"们来解除任务。

一个路人经过，看到正在站岗的小男孩，惊奇地问道："你一直站在这里干什么呢？下午进公园的时候我就看见你了。"

"我在站岗，没有长官的命令，我不能离开。"小男孩答道。

"你，站岗？"路人哈哈大笑起来，"这只是游戏而已，何必当真呢？"

"不，我是一名士兵，要遵守长官的命令。"小男孩答道。

"可是，你的小伙伴们可能已经回到家里，不会有人来下命令了，你还是回家吧。"路人劝道。

"不行，这是我的任务，我不能离开。"小男孩坚定地回答。

"好吧。"路人实在是拿这位倔强的小家伙没有办法，他摇了摇头，准备离开，"希望明天早上到公园散步的时候，还能见到你，到时我一定跟你说声'早上好'。"他开玩笑地说道。

听完这句话，小男孩开始觉得事情有一些不对劲：也许小伙伴们真的回家了。于是，他向路人求助道："其实，我很想知道我的长官现在在哪里。你能不能帮我找到他们，让他们来给我解除任务？"

路人答应了。过了一会儿，他带来了一个不太好的消息：公园里没有一个小孩子。更糟糕的是，再过 10 分钟这里就要关门了。

小男孩开始着急了。他很想离开，但是没有得到离开的准许。难道他要在公园里一直待到天亮吗？

正在这时，一位军官走了过来，他了解完情况后，脱去身上的大衣，亮出自己的军装和军衔。接着，他以上校的身份郑重地向小男孩下命令，让他结束任务，离开岗位。

军官对小男孩的执行态度十分赞赏。回到家后，他告诉自己的夫人："这个孩子长大以后一定是名出色的军人。他对工作岗位的责任意识让我震惊。"

军官的话一点没错。后来，小男孩果然成为一名赫赫有名的军队领袖——布莱德雷将军。

坚守岗位，完成任务，这就是我们所说的岗位责任。假如你是公司老板，在分派任务的时候，你会信任这样的人吗？在提升职位的时候，你会首先考虑他们吗？当然会！这样的人无疑是能够准确无误完成任务的人。

无论是在普通的岗位上，还是在重要的岗位上，他们都能秉承一种负责、敬业的精神，一种服从、诚实的态度，并表现出完美的执行能力。这样的人是任何一个企业的最优选择，同时也是值得人们去尊敬的人。

老王是个退伍军人，三年前经朋友介绍来到一家工厂做仓库保管员。保管员的工作虽然不繁重，无非就是按时关灯、关好门窗、检验货品、防火防盗等，但老王却做得非常认真。他不仅每天做好来往的工作人员提货日志，将货物有条不紊地码放整齐，还从不间断地对仓库的各个角落进行清扫整理。

三年下来，仓库在他的管理下安然无事，而且提货的工作人员每次来提货都会在最短的时间提到货物。

这一切被厂长看在了眼里，在工厂建厂 20 周年庆祝会上，厂长给老王按老员工的级别颁发奖金 5000 元，并有进一步重用的意思。好多在厂工作几十年的老职工不理解，老王才来厂三年，凭什么拿到这些奖金？

厂长看出了大家的不满，说道："你们知道我这三年中检查过几次咱们厂的仓库吗？一次也没有！这不是说我工作没做到，而是我一直都了解咱们厂的仓库保管情况。作为一名普通的仓库保管员，老王能够做到三年如一日地不出差错，而且积极配合其他部门人员的工作，忠于职守，比起一些老职工来说，老王真正做到了爱厂如家。我觉得这个奖励他受之无愧！"

在今天这个时代里，虽然到处都呈现出一片日新月异的景象，为人们提供了很多发展自己人生和事业的机遇。但是许多人的身上也滋生出了一种自由散漫、不负责任的习惯。使得职场人心浮躁，仿佛因为各行业的林立崛起，只要一技在手，何愁没有落脚之地，于是什么样的工作都是可干可不干的态度，反正这家不行可以换另一家。正是这样的态度，使多少人工作无起色，居无定所，看似拥有很多的择业自由，实则是追着工作来回在城市里奔走。

这些人往往不愿受约束，不严格要求自己，也不认真负责地履行自己的职责。面对一切岗位制度和公司纪律，都在内心深处嗤之以鼻，对一切组织和机构中的岗位制度都持抵触情绪和怀疑态度。在工作和生活之中，以玩世不恭的姿态对待自己的工作和职责。对自己所在机构或公司的工作报以嘲讽的态度，稍有不顺就跳槽。他们在团体中，如果没有外在监督，根本就无法工作。他们对自己的工作推诿塞责，故步自封。

任何工作到了他们的手里都不能认真对待，以致年华空耗，事业无成。又何谈什么谋求自我发展，提升自己的人生境界，改变自己的人生境遇，实现自己的人生梦想呢？

要知道，你虽然有权力选择最轻松、最惬意且不用负任何责任的工作，但是，老板也有权力选择最敬业、最有责任感、最能吃苦的员工。

如果对上司交办的事务和其他部门商请的工作，能推就推，惯以"这事我做不了""你还是找别人吧""这根本不是我的错"这类借口来推卸责任的话，最后你会发现，你已经成为企业里可有可无的人了。

生活总是会给每个人回报的，无论是荣誉还是财富，条件是你必须转变自己的思想和认识，努力培养自己尽职尽责的工作精神。责任胜于能力，一个人只有具备了尽职尽责的精神之后，才会产生改变一切的力量。

职场行走指南

【责任感】

没有责任感的人，一定是个自私的人。人活在社会中，不仅仅是一个单独的个体，难免要承担一些责任，要么来自家庭、要么来自社会。有没有责任感，是衡量一个人是否成熟、是否可靠的重要指标。如果一个人徒有其表而没有丝毫责任感，那么这个人是万万靠不住的，因为他的世界里只装得下他自己。

轻视工作会让你一无所获

在我们的社会生活中，每份工作都有它的价值。你在这个世界上找到什么样的工作，你便会过着什么样的生活。工作是我们赖以生存的基础，是陪伴我们安然行走在人生大道上的重要保障。因此，对我们来说，一切合法的工作都值得我们去尊重，一切值得我们尊重的工作都有它不容轻视的价值。

现为通泰电子集团首席执行官的约翰·克林斯顿在向外界介绍他的成功秘诀时说："我并不认为自己有多么优秀，我只是经常对自己的员工强调，在公司中无论你是什么身份，干着什么样的工作，是CEO，还是普通员工，都必须记住一点，否定自己的劳动是个巨大的错误，只有看重自己所从事的工作才会有发展。"

我们知道，一个人认为自己是怎样的，他便会朝着他认为的那个方向发展。你认为自己的工作很卑微，没有前景，之所以每天要去工作只是为了糊口。你对工作缺乏热情，甚至消极怠工，工作自然不会使你成功。同样，你认为自己能力有限，不能承担重任，因此在工作上只是不马虎行事，而从不去积极进取。这些想法就注定你只能成为公司的二流员工，平平庸庸地过一辈子。

反过来，如果你认为自己很重要，自己的工作亦非常重要，便能在工作中不断总结经验，接收到一种积极的心理信息，会帮助和促使你把工作中的每一件事都做得更好。一件做得更好的工作意味着更多的升迁机会、更多的薪金、更多的权益，以及更多的发展空间。

因此，一个人尊重自己的工作其实就是尊重自己。

著名的管理咨询专家蒙迪·斯泰尔在为《洛杉矶时报》撰写的专栏中曾经说道："每个人都被赋予了工作权利，一个人对待工作的态度决定了这个人对待生命的态度，工作是人的天职，是人共同拥有和崇尚的一种精神。当我们把工作当成一项使命时，就能从中学到更多的知识，积累更多的经验，就能从全身心投入工作的过程中找到快乐，发现机会，取得成功。当然，拥有这种工作态度或许不会有立竿见影的效果，但可以肯定的是，当'轻视工作'成为一种习惯时，其结果可想而知。工作上的日渐平庸虽然表面上看起来只是损失了一些金钱和时间，但是对你的人生将留下无法挽回的遗憾。"

奎尔是一家汽车修理厂的修理工，从进厂第一天起，他就开始喋喋不休地抱怨：修理这活太脏了，没本事的人才干这样的活，一天到晚累个半死，浑身上下没一处干净地方，真是丢死人了。

如此，奎尔每天都在这种抱怨和不满的心情中度过。他认为自己的工作是一份很低等的工作，只是日复一日地在为一点可怜的工资出卖苦力。因此，他便慢慢地开始消极怠工，当同他一起进厂的同事将眼光盯着师傅手上的"活"时，他却窥视着师傅的眼神和举动，稍有空隙便偷懒耍滑，应付手中的工作。

几年过去了，当时同他一起进厂的三个工友，凭着各自的手艺和工作的劲头，或升职做了他的上司，或另谋高就有了自己的事业，或被公司送进大学进修，只有他，仍旧在抱怨声中，仍然做着他自己蔑视的修理工。

奎尔的行为所造成的结果难道是一种偶然吗？相反，这是一种必然。作为员工，你幼稚地认为你对工作的轻视目光，会瞒得过老板的视线。老板或许并不了解每个员工的具体表现，熟知每一项工作的细节，但他能当你的老板，或者因为经验，或者因为曾经在某方面卓有成效的努力，一定有他超出一般的能力和见识。你轻视他给你的工作，他自然也会根据你的工作态度，来设定你在公司的未来。这一点，毋庸置疑。

其实在我们身边，像奎尔这样的人并不少见，他们不尊重自己的工作，不将工作看成是创造人生事业的必由之路和发展人格的主力，而把它视作衣食住行的供给工具，认为工作是生活的代价，是无可奈何、不可避免的劳碌。这样的错误观念将他们的人生和事业都定格在一种永远被动的生活方式里，使他们不愿意奋力崛起，努力改善自己的生存环境。对他们来说只有体面的工作才是真正的工作，只有从事有高薪的工作才能使自己致富。岂不知任何伟大的工程都始于一砖一瓦的堆积，任何耀眼的成功也都是从一点一滴中开始的。这一砖一瓦、一点一滴的累积，都需要他们在工作中以尽职尽责的精神去完成。

好岗位、好工作人人趋之若鹜，普通琐碎的工作人人唯恐避之不及，但好工作和好岗位是从哪里来的呢？什么样的工作才算是好工作呢？

亨利和阿尔伯特是同班同学，两个人大学毕业后，恰逢英国经济动荡，都找不到适合自己的工作，便降低了要求，到一家工厂去应聘。恰好，这家工厂缺少两个打扫卫生的职员，问他们愿不愿意干。亨利略一思索，便下定决心干这份工作，因为他不愿意依靠领取社会救济金生活。

尽管阿尔伯特根本看不起这份工作，但他愿意留下来陪亨利一块儿干一阵子。因此，他上班懒懒散散，每天打扫卫生时敷衍了事。一次，两次，三次，老板认为他刚从学校毕业，缺乏锻炼，再加上恰逢经济动荡，也同情这两个大学生的遭遇，便原谅了他。

然而，阿尔伯特内心深处对这份工作抱着很强的抵触情绪，每天都在应付自己的工作。结果，刚干满三个月，他便彻底断绝了继续干这份工作的念头，辞了职，又回到社会上，重新开始找工作。当时，社会上到处都在裁员，哪儿又有适合他的工作呢？他不得不依靠社会救济金生活。

相反，亨利在工作中，抛弃了自己作为大学生——高等学历拥有者的身份，完全把自己当作一名打扫卫生的清洁工，每天把办公走廊、车间、场地，都打扫得干干净净。半年后，老板便安排他给一些高级技工当学徒。因为工作积极，认真勤快，一年后，他成为了一名技工。尽管如此，他依然抱着一种积极的态度，在工作中不断进取。两年后，经济动荡的局面稍稍稳定后，他便成为了老板的助理。而阿尔伯特，此时，才刚刚找到一份工作，是一家工厂的学徒。但是，他认为自己是高等学历拥有者，应该属于白领阶层。结果，在自己的工作岗位上，仍然把活干得一塌糊涂，终于在某一天又回到街头，去寻找工作。

今天工作不努力，明天努力找工作。一个不轻视自己工作的人，工作中任何一件琐碎和不起眼小事都会成为他成长和锻炼自己的机会，一个尊重自己所从事工作的人，根本无需为他的未来担心。

平凡的是工作岗位，平庸的是工作态度。无论你从事的工作多么琐碎，都不要看不起它。

要知道，所有正当合法的工作者都是值得被尊敬的。只要你诚实地劳动，没有人能够贬低你的价值，你在工作中所能收获到的一切，完全取决于你对工作的态度。

职场行走指南

【上班奴八大特征】

1.把命运交给别人掌控；2.希望事业有成却总是怀才不遇；3.上司答应的事说变就变；4.工作再好比不上别人关系好；5.做人越好，越受欺负；6.好处别人得，出事你负责；7.付出和收入永远不成正比；8.上司在斗争，牺牲的却是你。

每一次工作都是一次成功的机会

人生在世，每干一件事都有一件事的意义，没有人愿意在一件没有意义的事情里长久地耗费自己宝贵的时间。我们知道，工作对每个人而言，是一辈子的事。无论你是始终从事一项工作，还是换过几项工作，工作对你生命历程的重要，只要认真想一想，便可知道。

我们究竟为了什么要去工作呢？除了维持生计，我们还能从工作中获得什么呢？我们这样工作一辈子对自己的人生有何实质的意义呢？

在许多员工眼里，认为自己认真工作只是在帮助自己的"上司"成功，他们觉得自己在公司的贡献再大也只能得到那么一点可以数得着的薪水，并不能从中再获得其他实质性的东西，自己再怎么努力，一辈子的前景似乎已经摆在眼前。因此，一旦付出超出薪水的努力便会觉得自己吃了亏，"便宜"了老板。事实上，这是一种认识上的误区。这种认识误区所导致的直接后果便是在工作上裹足不前，无法为自己的工作创造更大的价值，同时也埋没了自己应有的才干。

在任何一家公司，员工为老板打工，老板付给员工报酬，这是肯定员工价值的一种体现。但是，除了工资之外，任何一家公司的老板其实还给了每一位员工很多更加珍贵的东西，那就是工作经验的培养和良好工作习惯的养成，以及职业素养的提高和个人品德的完善。这些东西，对每一个企求在工作中有所发展的人而言，比有限的薪金贵之百倍。如果员工在工作时能很好地有所收获，将会是自己受益一生的财富，而这些财富便是他为日后的成功创造出来的机会。

那些只知道为工资而工作的人，是对自己的人生事业缺乏长远规划的人。这样的人在一个公司里工作再久，不能在公司中发挥应有的作用，得不到公司领导层的赏识，不注重工作技能和职业品质的提高，每一天的工作除了保证每月能拿到薪水外，实则是让自己的职业生涯一天天枯萎。相反，那些在工作中抱有长远眼光的人，认真做事、踏实工作，付出虽常常超出自己的得到，但却因此从中获得了使自己不断提升的机会，从而慢慢成为被"羡慕"的人。

有个名叫汤姆的小伙子，在一家广告公司工作了一年，由于不满意自己在公司所受到的待遇，有一次愤愤地对朋友说："我在公司里的工资是最低的，公司员工不把我当回事，老板也不把我放在眼里，如果再这样下去，总有一天我会和他们拍桌子，然后辞职走人。"

他的朋友听后问他道："那你把这个公司的业务都搞清楚了吗？公司运营的窍门你都完全搞懂了吗？"

汤姆气愤地说："没有！"

"没有！如果是这样的话，我建议你先静下来，认认真真对待工作。把他们的一切经营技巧、商业文书和业务往来完全搞通，甚至把如何书写合同等具体事务都搞懂了之后，再一走了之，这样你不仅为自己出了气，还让自己有所收获了，不是吗？"汤姆的朋友说道。

汤姆听从了他朋友的建议，一改往日的散漫作风，开始仔仔细细、认认真真地工作起来，甚至于下班后还要在办公室研究商业文书的写法。

一年之后，汤姆偶然遇见了那位朋友。

朋友问道："你现在大概都学会了吧，可以准备拍桌子走人了吧？"

汤姆有些难为情，但脸上明显洋溢着快乐的表情："可是我发现近半年以来，公司每个人对我都很好，老板也开始对我刮目相看，最近还对我委以重任，我的职务升了，工资也比以前高很多了，说实话，现在我已经成为公司里最受欢迎的人了。"

"这是我早就料到的！"他的朋友笑着说，"当初你在公司不受欢迎，不被老板重用，是因为你根本不重视那份工作，不努力去工作，也不认真去学习。后来你痛下决心，积极工作，努力学习，工作能力自然加强，做的工作也自然越来越重要，他们当然对你刮目相看了。"

你糊弄工作，工作自然也会糊弄你。如果你目前工作得不顺利，不妨从自己身上多找找原因，首先摆正自己的工作态度，其次认真对待每一份工作。其实，许多成功人士的成功经验都是从工作中学来的。无论你新进一家公司，或是在一个单位已经工作了很久，都可以将每一次工作当作一个学习的机会，从中总结行业经验、学习业务知识、提高个人修养、完善个人职业品质。如此，可谓一本万利。反之，如果你不认真工作，甚至投机取巧，虽可能得到一时的清闲，但却会在你以后的工作中埋下隐患，让你最终得不偿失。因此，能够认真对待每一份工作的人，实则是最能为自己创造机会的人，因为他们在工作中所养成的一切优秀品质，早已为他们日后在同别人的竞争中占了先机。

维斯康公司是美国 20 世纪 80 年代最为著名的机械制造公司，许多前去参加该公司每年一度招聘会的应聘者都被拒绝了，詹森也不例外。但是他并不死心，暗暗发誓无论如何自己也要进入这家公司。

为了能够进入这家公司，他决定从最底层干起。于是，他假装自己一无所长，找到公司人事部提出为该公司无偿提供劳动力，请求公司分派给他工作，他将不计任何报酬来完成。公司起初觉得不可思议，但考虑到不用任何花费，也用不着操什么心，便分派他去打扫车间的废铁屑。

在接下来的整整一年时间里，詹森认认真真地重复着这项简单而又劳累的工作。为了糊口，下班后他还得去酒吧打工。尽管他得到了公司领导层和员工的一致好感，但仍然没有一个人提到录用他的问题。

有一年，因为生产质量问题，维斯康公司的许多订单纷纷被退回，理由无一不是产品质量存在问题，公司为此蒙受巨大损失。公司董事会为了挽救颓势，紧急召开会议，寻找解决方案。会议进行了一大半，仍未拿出有效的方案。这时，詹森胸有成竹地闯入会议室，提出自己的解决方案，并拿出了自己的产品改造设计图。这个设计非常先进，既恰到好处地保留了产品原有的优点，又克服了已经出现的弊病。

总经理及董事会成员觉得这个编外清洁工竟有如此精湛的专业技能，便询问他的背景及现状。于是，詹森当着公司高层决策者的面，将自己的意图和盘托出。之后经董事会举手表决，詹森当即被聘为公司负责生产技术问题的副总经理。

原来，詹森利用清扫工到处可以走动的便利条件，细心察看了整个公司各部门的生产情况，并一一详细记录，然后花了一年时间针对一些部门生产技术上的漏洞搞设计，终于为自己的人生事业创造了一个绝好的机会。

詹森宁愿在维斯康公司当一名清洁工，也不愿失去这个工作所能带给他的成功机会。他知道自己在为公司工作的同时，也是在为自己的未来工作。因此，他把自己平凡的工作当成了一个宝贵的学习机会，在不懈的努力中为自己的未来创造了成功的契机。

美国零售业大王杰西·彭尼说："一个人要想有所成就，最明智的办法是选择一份即使报酬不多也愿意做下去的工作。因为暂时的放弃是为了未来更好的获得。因为你在为公司工作的同时，也是在为自己的未来工作。"

在一个人的成长过程中，每一个梯级就是一个舞台，每一个舞台都可以让你得到展示自己的机会。只要认真去对待每一份工作，将脚下的每一步都走好，即便最简单和微小的事情也会令你从中受益，为自己创造成功的机会。

 职场行走指南

【成功者的九条工作告诫】

1.不要把"说不定"挂在嘴边；2.不要停留在心灵的舒适区域；3.不要拖延工作；4.不要认为细节不重要；5.不要表现得消极；6.不要认为理论上可以实施就告成了；7.不要让别人等你；8.不要把改善工作能力都寄托在公司培训上；9.不要推卸责任。

用工作雕塑自己的人生

一个人的一生，是他亲手制成的雕像，是美丽还是丑恶，可爱还是可憎，都由他一手造成。而一个人在工作中的一举一动，每做一件事，无论是接待一位顾客，出售一件货物，或是接听一个电话，都在说明雕像的美与丑或可爱与可憎，都会给自己的人生带来不可小觑的影响。

古希腊雕刻家菲多亚斯以工作一丝不苟著称，一次他被委派到雅典城雕刻一座雕像。当菲多亚斯完成雕像要求支付薪金时，雅典城的会计官却以任何人都看不到为由拒绝支付薪金。

菲多亚斯反驳说："你错了，上帝看见了！上帝把这项工作委派给我的时候，他就一直在旁边注视着我，他知道我是如何一点一滴地完成这座雕像的。"

上帝当然没有注视菲多亚斯是如何完成工作的，但菲多亚斯知道自己对这座雕像倾注了多少心血，他对工作的严谨态度就是自己的上帝，他知道自己做到了，同时也坚信自己的雕像是一件完美的作品。

事实证明了菲多亚斯的伟大，在2400多年后的今天，这座雕像仍然伫立在帕台农神殿的屋顶上，成为受人敬仰的艺术杰作。菲多亚斯在2400多年前为雅典雕刻这座雕像时，其实也是在为自己雕像。如同菲多亚斯一样，我们每个人在从事工作的时候也是在为自己塑造雕像。雕像的好坏完全掌握在自己手中，而且在很多时候都没有标准、没有监督，只能靠自己的职业操守和对待工作的态度去完成。

第一章
工作对你意味着什么

弗雷德是美国邮政的一名普通邮差，然而他却实现自己人生从平凡到杰出的跨越。他的故事改变了2亿美国人的观念。一天，职业演说家桑布恩迁至新居，邮差弗雷德前来拜访："上午好，先生！我的名字叫弗雷德，是这里的邮差，我顺道来看看，向你表示欢迎，同时也希望对你有所了解，比如你的职业。"

当得知桑布恩是一位演说家时，弗雷德问："那么你肯定要经常出差旅行了？"

"是的，确实如此，我一年有两百来天出门在外。"

弗雷德点点头继续说："这样的话，你最好能给我一份你的日程表。你不在家的时候我可以把你的信件暂时代为保管，打包放好，然后等你回来时再送过来。"

演说家听后有些吃惊，急忙说道："把信放在门口邮箱里就行了，我回来时取也一样的。"

弗雷德解释道："桑布恩先生，窃贼经常会窥探住户的邮箱，如果发现是满的，就表明主人不在家，那你可就要深受其害了。"

"不如这样好了，"弗雷德继续说，"只要邮箱的盖子还能盖上，我就把信放到里面，别人不会看出你不在家。塞不进去的邮件，我搁在房门和屏栅门之间，从外面看不见。如果那里也放满了信，我就将信留着等你回来。"

两周后，演说家出差回来，发现擦鞋垫跑到了门廊一角了，下面还遮着什么东西。原来，美国联合公司把他的一个邮包裹送错了地方，弗雷德把它捡回来，送回原处，还留了张纸条。

演说家桑布恩后来在许多次演说中都情不自禁地讲起这个邮差，他说："他就这样工作着，虽因四处奔跑的原因，每次见他都不一样，但你一想起他，便有一个固定的形象在你眼前闪现，那是一种不变的、让人敬仰的形象。"

弗雷德用自己的工作为自己的人生塑造了一个完美的雕像,被演说家桑布恩四处传诵着。其实他干的工作与我们日常所干的工作并没有什么不同,但你能看出他的用心、他的责任以及他的热情。

一个优秀的员工无论做什么工作,都会避免毫无节制的消磨时光和敷衍了事。事实上,一个人能否在工作中表现出一种雕塑的精神,竭尽全力去完善自己,是决定他日后人生事业成败的关键。

我们知道,工作是需要我们用生命去做的事,对一个人来说,生命中最重要的活动就是工作,我们用自己的大半生去努力工作,实现自己的人生价值,这其中,工作在我们的生命历程中所具有的意义,其实就是我们的人生意义。

毕业于美国西点军校的海军中将威尔逊,1870年参加海军,22岁升为上尉。1894年在一次海战中失去右眼,1896年晋升为分舰队司令,第二年获海军少将军衔。后在一次战役中失去右臂,复员返乡。1899年重返军队时晋升为中将。1899年10月21日在吉巴特拉法尔加角海战中,大败法西联合舰队,最终挫败西班牙入侵美国的计划,他也在这次作战中阵亡。

威尔逊期望海军以人道的方式获胜,以有别于他国。他在这次战役中两次下令停止炮击"无敌号"舰,因为该舰已被击中,丧失了战斗能力。但不幸的是,正是因为他的两次下令停止炮击,给了对方喘息的机会,"无敌号"舰从尾楼顶部开火,击中了他的肩膀,鲜血从伤口不断涌出。当时帮他处理伤口的波特医生看到这种情况知道自己已是回天无力。

威尔逊也知道自己这次没有活命的可能,他叫来舰长哈森,很费力地低声对他说:"不要将我扔到大海里。"他说最好把他埋葬在父母身边，除非国家有其他安排。然后流露了个人感情："关照亲爱的戴维尔夫人，哈森，关照亲爱的戴维尔夫人，吻我。"

哈森跪下去吻他的脸，他说："现在我满意了，感谢上帝，我履行了我的职责！"他说话越来越困难了，但他仍然清晰地重复着说："感谢上帝，我履行了我的职责！"这是他最后所说的话。

海军中将威尔逊的事迹几乎感动全世界的人，人们自发为他塑造雕像，纪念这位人道主义战将的英灵。他热爱自己的事业，从参加海军到晋升为中将一直秉持着自己的职业操守，他用自己的职业信念诠释了自己的人生信念，用自己的职业追求为自己树起了一座生命的丰碑。

 职场行走指南

【格言】

成功就是：二十几岁时，给优秀的人工作；三十几岁时，跟优秀的人合作；四十几岁时，找优秀的人给您工作；五十几岁时，把别人变成优秀的人。

快乐工作就是快乐生活

工作是人生不可或缺的一部分，一个人抱着什么样态度去工作，也就是抱着什么样的态度去生活。卡尔文·库艺说："人生真正的快乐不是无忧无虑，不是去享受，这样的快乐是短暂的。缺少一份充满魅力的工作，你就无法领略到真正的快乐。"

那么，什么样的工作才算是有魅力的工作呢？我们每个人心里或许都有自己的答案，但同时我们也应该明白，这并不是最重要的。因为我们心里明白，一份工作是不是充满魅力，并不完全取决于工作本身，而是从事该工作的人对这份工作所持有的态度。

诗人弥尔顿说："一切皆由心生，天堂和地狱只不过一念之间。"你认为自己工作得很快乐，你就会工作得很快乐；你认为上班简直是一件苦差事，你从每周一到周五都会感到很痛苦。正如某位哲人所说，你选择了如此，你便如此。

在我们的人生旅程中，很多时候根本无从选择，比如父母、性别、出生环境；比如可以选择学校却无法选择老师，可以选择工作却无法选择上司和同事。但很多时候又充满了选择，比如面对困难是选择坚持还是放弃、面对逆境是选择哭还是笑、面对挑战是选择快乐还是忧伤、面对生活是选择乐观还是悲观。因为无从选择，我们学会了接受的同时也经历了磨炼；因为可以选择，我们与命运相搏，追寻自身的价值，实现人生的理想。

这就是生活。如果你不能牢牢把握住自己的选择，你就会失去主宰自己命运的机会。同样，如果你不能在自己所从事的工作中创造出魅力，寻找到让自己快乐的东西，你也就失去从事这份工作的意义。

有学者一日在外散步，他看见一个警察愁眉苦脸的，就问："怎么了？有什么事情让你烦恼吗？"

警察回答说："我一天到晚地巡逻只有 10 美元，这样的工作简直是在浪费时间。"

后来一个灰头土脸的扫烟囱的人走过来，学者觉得他很快乐，就问他："你一天能有多少收入？"

扫烟囱的人回答："3 美元。"学者又继续问："一天才拿 3 美元，你为什么这么快乐？"扫烟囱的人惊讶地说："为什么不呢？"警察鄙视地说："只有垃圾才爱干垃圾的工作。"

学者严肃地说："警察先生你错了，他在干着使自己愉悦的工作，但是你却每天被工作奴役着，他的人生一定比你更精彩！"

人生最大的价值，就是让自己活得精彩。苏格拉底说："每个人身上都有太阳，只是要让它发出光来。"我们大都是平凡的人，都做着平凡的工作、平凡的事，都处在平凡的工作岗位上，但平凡并不意味着平庸，只要我们让自己所工作的每一天都充实而有意义，工作自然会对我们显示出魅力，让我们为之快乐。爱迪生曾说："在我的一生中，从未感觉是在工作，一切都是对我的安慰……"工作是一个人价值的体现，如果将它当成苦役，生活的乐趣从何而来？每天很早就起床，急急忙忙赶往公司，坐一天，或者跑一天，好不容易熬到下班再拖着疲惫的身体回家……这样的生活有什么快乐，又有什么意义？不要抱怨工作，如果觉得工作太枯燥，最容易和最简单的办法，就是改变一下自己对工作的态度，多投入一些热情。这才是最明智的选择。

有个英国记者到南美的一个部落采访。这天是个集市日，当地土著都拿着自己的特产到集市上交易。这位英国记者看见一位老太太在叫卖柠檬，虽然并无多少人光顾，但她总是一脸笑容打量着从她摊前走过的每一个人。记者见老太太一上午也没卖出几个柠檬，动了恻隐之心，打算把老太太的柠檬全买下来，好让她能高高兴兴地回家。

当这位记者把自己的想法告诉老太太的时候，老太太的话却使记者大吃一惊："都卖给你？那我下午卖什么？"

是啊！我们每个人每天去工作，为的自然是能够赚足够多的钱来贴补自己的生活所需，但如果因此而纯粹为钱去工作，工作自然也会变成生活的一种负担，我们怎能不为之感到厌烦、痛苦。

曾经在美国费城的大楼上立起第一根避雷针，有着"第二个普罗米修斯"之称的富兰克林，说过这样的话："我读书多，骑马少；做别人的事多，做自己的事少。最终的时刻终将来临，到那时我但愿听到这样的话'他活着对大家有益'，而不是'他死时很富有'。"

活着对大家有益，这就是工作赋予我们的意义——如果你能够积极地对待工作，并努力从工作中发掘出自身的价值，你就会像爱迪生、富兰克林和那位土著老太太一样，发现工作是生命的一种必需，是快乐最大的源泉，而不是一种惹人生厌的苦役。

有一则关于巴顿将军的小故事生动地说明了什么是人生最大的快乐。巴顿将军驾车去前线鼓舞士气，向众将士问道："什么是人生最大的快乐？"

一位士兵回答："被尊重。""那太依赖了。"巴顿将军说。又有一个人说："爱。"巴顿将军笑道："太天真。"接下来许多人都提出了自己的观点，巴顿将军都一一否定了，最后他提出了自己的答案："被需要。"

快乐的人生就是"被需要"，快乐的工作就是"被需要"，如果我们能以"被需要"为人生最大快乐的心境去工作，那么工作就会变成我们为自己营造的快乐天堂。

有一个叫迈克的青年，在一家汉堡店工作。他每天工作都很快乐，特别在煎汉堡的时候，非常用心。

许多人对迈克如此开心感到不可思议，纷纷问他："煎汉堡的工作环境不好，又是件单调乏味的事，到底是为什么让你如此开心对待这份工作？"

迈克高兴地说："在我每次煎汉堡时，便会想到，如果点这个汉堡的人可以吃到一个精心制作的汉堡，他就会高兴。所以我要好好煎每一个汉堡，使吃汉堡的人能感受到我带给他们的快乐。因此煎汉堡是我将自己的快乐传染给别人的一种使命，我必须愉快地、认真地做好它。"

迈克的回答让许多不解的人十分感动，他们将这件事告诉了周围的同事、朋友和亲人，一传十、十传百，越来越多的人来这家店吃汉堡，同时也很想看看"快乐煎汉堡的人"。

总公司很快知道了这件事，派专人到这家店考察，结果有感于迈克这种热情积极的工作态度，对他进行了重点培养，并很快升他做了分区经理。

迈克把做好每一个汉堡、让顾客吃得开心，当作自己工作的使命。那么对他而言，这自然是一件很有意义的工作，他工作着，也便快乐着，他工作的快乐也是他人生的快乐。

职场行走指南

【办公室里的八类精神乞丐】

1. 领导不和我沟通，我就不沟通；2. 领导不认可我，我就不好好干；3. 领导不鼓励我，我就不好好干；4. 我不开心，是因为领导不会哄我；5. 完不成任务，总是拿一堆客观理由来应付；6. 做错事，希望大家不要小题大做；7. 不懂技术，抱怨公司没有培训；8. 不上进，抱怨公司氛围不好。

你在
为谁工作
Who Are You Working For

第二章
你在为谁工作

　　一个人如果总是为自己到底能拿多少工资而大伤脑筋的话，他怎么能够看到工资背后的成长机会？怎么能在目前的工作中经营自己的理想？美国钢铁大王卡内基说："为我工作的人，要具备成为合伙人的能力。如果他不具备这个条件，不能把工作当成自己的事业，我是不会考虑给这样的年轻人机会的。"

薪水只是工作的一种回报方式

现在很多年轻人将工作视为一种等价交换，他们认为我在公司干活，公司付我一份报酬，仅此而已。他们看不到工资以外的价值，更看不到工作本身对自己的人生意义。他们因现在的工作与在校时的理想差距很大，事业心受挫，没有了热情，但为了生存又必须工作，因此在工作中总是采取一种应付的态度，不能在工作中真正负起责任，不愿多干哪怕超出工作时间一分钟的活。他们只想对得起自己目前的薪水，从未想过是否对得起自己将来的薪水，甚至是将来的前途。

某公司一位员工，在公司工作了10年，薪水一直未涨。一天，他终于忍不住内心的不平，当面向老板诉苦，要求老板给他加薪。老板直言道："你虽然在公司待了10年，但你的工作经验却不到1年，能力也只是新手的水平。"

这名可怜的员工在他最宝贵的10年青春中，除了得到10年的新员工工资外，其他一无所获。或许这个老板对这名员工的评价有些过激或者有欠考虑，因为他毕竟在公司待了10年，但我们更应该相信的是，在当今这个日益开放的年代，这名员工能够忍受10年的低薪和持续的内心郁闷而没有跳槽到其他公司，足以说明他的能力的确没有得到更多公司的认可，也可以换句话说，他的现任老板对他的评价应该是中肯的。

这便是只为薪水而工作的结果。

第二章
你在为谁工作

生活中，我们常能看到一些人因为不满足于自己目前的薪水，不认真工作，频繁跳槽，结果将比薪水更重要的东西都丢光了，到了感叹岁月不饶人时，连本应得到的薪水都可能得不到了。

一个人如果总是为自己到底能拿多少薪水而大伤脑筋的话，他又怎么能看到工资背后的成长机会呢？他又怎么能在工作中获得比薪水更重要的技能和经验呢？他的人生价值靠什么体现呢？

一个只会为自己的懒惰和无知寻找理由的人，一个总是埋怨老板对他的能力和成果视而不见的人，一个开口闭口老板太吝啬的人，一个认为自己付出再多也得不到相应回报的人……这样的人只会逐渐将自己困在装着工资的信封里，永远也不会知道自己真正需要的是什么。

不要担心自己的努力会被忽视。要相信大多数的老板之所以能当上老板，一定有他们超出常人的地方，也就是说他们最不缺的或许就是明智和判断力。为了最大限度地实现公司的利润，他们无疑很愿意尽力按照工作业绩和努力程度来晋升积极进取的员工，他们无一不喜欢那些在工作中能尽职尽责、坚持不懈的人，更重要的是他们的公司需要这样的人。

纵使我们发现我们的老板并不是一个有判断力和明智的人，很少能注意到我们所付出的努力，也从来不给予我们相应的回报，那也不用懊丧，我们可以换一个角度来想：现在的努力并不是为了现在的回报，我们可以在工作中学到更多。我们投身于现在的工作自然多半是为了现在的生活，但人生并不只有现在，我们还有更为长远的未来。

年轻人对于薪水常常缺乏更深入的认识和理解，其实是一件很正常的事，因为薪水毕竟在一定程度上代表着你目前工作的回报。但也只是一种回报而已，并不能代表你的全部价值。因此，刚刚踏入社会的年轻人更应该珍惜工作本身带给自己的报酬。要知道，你的老板可以控制你的工资，可是他却无法遮住你的眼睛，捂上你的耳朵，阻止你去思考、去学习。换句话说，他无法阻止你为将来所做的努力，也无法剥夺你因此而得到的回报。要知道，越是艰难的任务越能锻炼你的意志，越是具有开拓性的工作越能拓展你的才能，越是恶劣的工作环境越能培养你的人格，越是细小的琐事越能显出你的品质。

我们从校园走出来，踏上社会，参加工作，公司和单位便是我们成长中的另一所学校，它丰富了我们的经验，锻炼了我们的技能，增长了我们的智慧。与这些相比，我们每个月从公司领到的薪水算得了什么。

公司支付给你的是金钱，工作赋予你的却是可以令你终身受益的能力。能力显然比金钱重要万倍，因为它不会遗失也不会被偷。许多成功人士的一生跌宕起伏，有攀上顶峰的兴奋，也有坠落谷底的失意，但最终能重返事业的巅峰，创造自己人生一个又一个新的高度。原因何在？因为有一种东西永远伴随着他们，那就是能力。他们所拥有的能力，无论是创造能力、决策能力，还是敏锐的洞察力，并不是一开始就拥有的，更不是一蹴而就的，而是在长期工作中积累和学习得到的。

我们虽不能左右老板的思维，但是却可以让自己按照最佳的方式行事；我们虽不能要求老板明察秋毫，但可以让自己去认真工作；我们虽不能让老板对我们负责，但可以在工作中对自己负责。

薪水只是工作的一种回报方式，它不能完全体现你目前工作的价值。如果你想为了薪水而工作，那也应该是为了将来的薪水而工作。如果只顾眼前，盯着每个月的工资干活，你或许可以轻易领到眼前那点薪水，然而，它不仅不能使你在工作中得到很好的锻炼，而且最终会毁了你的未来。

职场行走指南

【送给工作几年仍迷茫的人】

1. 牺牲休息时间，打造自己的专业能力；2. 敢于尝试，有按着自己直觉走的勇气；3. 仔细思考自己的长处，明确自己的职业方向；4. 修炼自己的情商，不断提高与人沟通协调的能力；5. 结识更多圈里的高手，新的工作机会往往来自这里。

工作最重要的是自我实现

一个人在工作中，只有在追求"自我实现"的时候，才会迸发出持久强大的热情，才能最大限度地发挥自己的潜能，最大限度地实现自我的人生价值。

据《福布斯》杂志 2011 年 3 月公布的全球富豪排行榜显示，墨西哥亿万富翁卡洛斯·斯利姆（Carlos Slim）以 740 亿美元的净资产再次登顶；微软创始人比尔·盖茨（Bill Gates）和亿万富翁投资者，"股神"沃伦·巴菲特（Warren Buffet）分列第二、第三位，净资产分别为 560 亿美元和 500 亿美元。这三位富豪拥有惊人的财富，每天仍然都会上班，这是为什么呢？

著名电影导演斯蒂芬·斯皮尔伯格的财产净值估计超过 30 亿美元，虽没有卡洛斯·斯利姆、比尔·盖茨那么富有，但也足以让他在余生享受十分优裕的生活，但他为什么还要不停地拍片呢？

美国 Viacom 公司董事长萨默·莱德斯通在 63 岁时开始着手建立一个很庞大的娱乐商业帝国。63 岁，在多数人看来是安享天年的时候，他却在此时做了很重大的决定，让自己重新回到工作中去，而且，他总是一切围绕 Viacom 转，工作日和休息日、个人生活与公司之间没有任何的界限，有时甚至一天工作 24 小时。这样的工作劲头，他是哪里得来的？

在我们的生活中，这样的例子举不胜举。那些拥有了巨额"薪水"

的富豪，不但每天积极投入工作，而且工作得相当卖力。难道他们是为了钱吗？如果不是，那他们为了什么？

关于这个问题，我们或许可以在萨默·莱德斯通的话里找到一些答案，他说："实际上，钱从来不是我的动力。我的动力是对于我所做的事的热爱，我喜欢娱乐业，喜欢我的公司。我有一种愿望，要实现生活中最高的价值，尽可能地实现。"

正是这种自我实现的热情，使他们热衷于他们所做的事业，在取得巨大成功后，他们仍然全身投入于这份事业中。他们就像一个冠军奖章挂满全身的赛车手，尽管已经知道自己超出对手很远，但脚却不会离开油门，他们执著于自己创造出来的速度，而并非单纯为了名和利。

对此，有心理学家发现，对大部分人而言，金钱在达到某种程度之后就不再诱人了。因为金钱终究只是为人服务，而人生的追求不仅仅只是满足生存需要和物质的享受，还有更高层次的精神需求。在这方面，一个人对自我实现的需要层次越高，动力也越强。

一个自我实现意识很强的人，往往会把工作当作是一种创造性的劳动，竭尽全力去做好它，使个人价值得到最大限度的完美实现。一个将工作视为实现自我价值的人，在工作中发挥最大的才华、能力和潜在素质，不断自我创造和发展，也就满足了自我实现的需要。

当然，我们谈的不是瞬间的自我实现，而是可以驱使一个人达到不凡成就的自我实现，这种自我实现需要一种热情，一种对事业虔诚持久的热情。若与被薪水所驱动的那些人相比而言，为满足"自我实现"这一人类最高需求而奋斗的人只占少数，所以，对工作保持持久的热情在一般人当中就像钻石般少有，然而，在筑梦者和成功者当中，这种热情却像空气般普遍。

我们常说，热情是梦想飞行的必备燃料。热情驱使着世界上每一位最杰出的人，他们为追求自我实现而在他们迷恋的领域里到达人类成就的巅峰，推动着社会和时代的进步。让自己拥有这种热情吧！让它持久地在你工作中为你积蓄力量，创造价值，实现自我吧！如果你还没有达到自我实现的境界，你也不要麻痹自己——认为自己工作就是为了赚钱。不要对自己说："既然老板给的少，我就干的少，没必要费心地去完成每一个任务。"或者安慰自己："算了，我技不如人，能拿到这些薪水也知足了。"而应该牢记：金钱只不过是许多种报酬中的一种，你所追求的是自我提高，你必须充满热情地去工作，正如你必须充满热情地去生活。

缺乏热情会让你消沉，消极的思想会让你看不到自己的潜力，失去信心会让你失去前进的动力，不珍惜工作机会会让你浪费更多宝贵的时间，失去自我会让你与成功失之交臂，永远无法实现自我的人生价值。

 职场行走指南

【精彩工作的六大秘诀】

1. 找到工作的意义；2. 自我减压，让工作更精彩；3. 把工作当演出，要全力以赴；4. 用创意挥洒精彩；5. 把刁难当成挑战；6. 记得这句话：大事小事，都是精彩契机。

你在为自己工作

在我们的现实生活中，经常会听到很多年轻人这样说："一个月只有这么点钱，凭什么要做那么多工作。""我不过是在为老板打工，干嘛那么拼命。""只要能对得起薪水，上班干活，下班走人，天经地义。""这又不是我分内的事，谁爱干谁干。"

这种将工作等同于薪水，认为自己不过是在为老板打工的想法，在现在这个社会的年轻人中间相当普遍。他们本来有着丰富的知识、不错的能力，同时也有很好的潜力，但却因为观念上的一时狭隘，认为工作只是一种简单的雇佣关系，只要每月能拿到薪金，做多做少，做好做坏，对自己的意义不大，只要达到要求，无愧于心就行了。未曾想，正是这样一种观念，使他们错失了人生中最宝贵的成功机会，甚至使自己的一生从此与成功无缘。因此，每一个工作着的人都应该问问自己，我们到底是在为谁工作？如果不在年轻的时候弄清这个问题，此后的一生或许也只能碌碌无为。

英特尔总裁安迪·格鲁夫应邀在一次对大学生的演讲中说道："不管你在哪里工作，都别把自己当成员工，应该把公司看作自己开的一样。你的职业生涯除你自己外，全天下没有人可以掌控，这是你自己的事业。"

把工作当作自己的事业，能够让你拥有更大的挥洒空间，使你在掌握实践机会的同时，能够为自己的工作担负起责任。树立为自己打工的职业理念，在工作中培养自己的企业家精神，让自己更快地在事业上取得成功。

小李高中毕业后随哥哥到南方打工，哥俩一起在码头的一座仓库里找到了工作，给人家缝补篷布。小李很能干，工作认真，做的活儿也特别精细，当他看到别人丢弃的线头碎布便会随手拾起来，留做备用，好像这个公司是他自己开的一样。

一天夜里，暴风雨骤起，小李急忙从床上爬起来，拿起手电筒就冲到大雨中。这时，他哥哥不仅不在他的呼唤下一同前去，还一个劲劝他不要那么傻。

在露天仓库里，小李察看了一个又一个货堆，加固被掀起的篷布。这时老板正好开车过来，只见小李已经成了一个水人儿。

当老板看到货物完好无损时，当场表示给小李加薪。小李说："不用了，我只是看看我缝补的篷布结不结实。再说，我就住在仓库旁边，顺便看看货物只不过是举手之劳。"

老板见小李如此诚实，如此有责任心，就让他到自己的另一个公司当经理。

公司刚开张，需要招聘几个文化程度高的大学毕业生当业务员。小李的哥哥跑来找小李，说："你现在当经理了，给哥也弄个好差事吧。"小李深知哥哥的个性，直接回绝道："我现在当了经理更要为公司负责。你不行。"哥哥说："看大门也不行吗？"小李说："不行，你没有责任心，更不会把公司的活儿当成自己家里的活儿。"哥哥说："真傻，这又不是你自己的公司。"不料小李却说："就是你这样的想法让你跑来找我，公司是不是我的并不重要，但我可以把它当成我的去干，干好它。"几年后，小李成了一家公司的总裁，他哥哥却还在码头上替人缝补篷布。

这就是为自己工作和为别人工作之间的区别！

无论你在什么样的公司工作，都要把自己当作公司的主人，而不是为老板工作的仆人。要知道，你不是在为老板打工，而是在为自己打工。当你具备做主人的心态时，你就会把公司的事当作自己的事来做，你离成功也就越来越近。

事实上，把公司当作自己的，能够让你拥有更大的挥洒空间，更多的实践和锻炼的机会；为自己工作，能够让你在工作岗位上更主动更积极地处理各项事务，为自己不断开创新的工作机会和发展空间。

 职场行走指南

【你在为谁工作】

1. 承认吧！为他人工作，也是为自己工作；2. 公司付给你金钱，工作赋予你终身受益的能力；3. 要对得起目前的薪水，更要对得起将来的前途；4. 工作本身没情绪，我们也不能带情绪工作，5. 能在"昨天"完成工作的人，永远是成功的，6. 保持激情的秘诀，就是不断树立新目标。

自己管理自己

一个人能够很好地进行自我管理才能积极主动地工作，开创自己的事业。

诙谐作家杰克森·布朗将"自律"看作一个人所应具备的才华，他曾做过这样一个比喻："缺少了自律的才华，就好像穿上溜冰鞋的八爪鱼。眼看动作不断，可是却搞不清楚到底是往前、往后，或是原地打转。"

杰克森·布朗所说的自律，就是我们今天要说的自我管理。一般来讲，自我管理主要包括自我约束和自我激励，如工作中所表现出的主动性和计划性，对所承担工作和达到组织所设定目标的自信心，克服困难和战胜挫折的勇气等等。如果你知道自己有几分才华，而且工作量实在不少，却又看不见太多成果，那么你很可能缺少自我管理。

一个资深的人事经理举了这样一个例子：我们的上班时间是 8 点 30 分，有人 8 点 20 分就到了，有人 8 点 30 分到，也有人 8 点 40 分才到。在平时是看不出这三类人有什么本质的区别。但是在关键时刻，或许就是因为这迟到 10 分钟的习惯，误了大事。这其实就是每个人的自律能力不同导致的不同后果。因此，他最后总结道："如果一个人没有自律能力，那他在工作上的敬业程度就会大打折扣。"

一个工作效率很高的销售主管说："我一直保持着将文档做得很工整的习惯，无论当时我有多忙甚至在周末也不例外，这个习惯让我受益匪浅，我很清楚我所要完成工作的时间表和采取何种方式去做。"

在我们的现实生活中，很多企业里都有这样的员工，最典型的行为莫过于"领导在与不在两个样"，除非有人一直盯着管着他做一件事，他才能集中精力工作，否则就很容易三心二意开小差。这样缺乏自律意识和自我管理能力的员工在企业里无疑是不受欢迎的。因此，自我管理的能力是做好工作的前提条件。

无论从事什么样的工作，决定你成功的最重要因素不是智商、领导力、沟通技巧、组织能力等等，而是一种有目的、有计划的自我管理能力和习惯。

齐瓦勃是伯利恒钢铁公司——美国第三大钢铁公司的创始人。他出生在美国乡村，只受过短暂的学校教育。15岁那年，家中一贫如洗的他就到一个山村做了马夫。然而雄心勃勃的齐瓦勃无时无刻不在寻找发展的机遇。3年后，齐瓦勃来到钢铁大王卡内基所属的一个建筑工地打工。一踏进建筑工地，齐瓦勃就表现出了高度的自我规划和自我管理的能力。当其他人都在抱怨工作辛苦、薪水低并因此而怠工的时候，齐瓦勃却一丝不苟地工作着，并且为以后的发展而开始自学建筑知识。

一天晚上，同伴们都在闲聊，唯独齐瓦勃躲在角落里看书。那天恰巧公司经理到工地检查工作，经理看了看齐瓦勃手中的书，又翻了翻他的笔记本，什么也没说就走了。第二天，公司经理把齐瓦勃叫到办公室，问："你学那些东西干什么？"齐瓦勃说："我想，我们公司并不缺少打工者，缺少的是既有工作经验，又有专业知识的技术人员或管理者，对吗？"经理点了点头。不久，齐瓦勃就被升任为技师。打工者中，有些人讽刺挖苦齐瓦勃，他回答说："我不光是在为老板打工，更不单纯是为了赚钱，我是在为自己的梦想打工，为自己的远大前途打工。我们只能在认认真真的工作中不断提升自己。我要使自己工作所产生的价值，远远超过所得的薪水，只有这样我才能得到重用，才能获得发展的机遇。"抱着这样的信念，齐瓦勃一步步升到了总工程师的职位上。25岁那年，齐瓦勃做了这家建筑公司的总经理。后来，齐瓦勃终于独立建立了属于自己的大型伯利恒钢铁公司，并创下了非凡的业绩，真正完成了他从一个打工者到创业者的飞跃，成就了自己的事业。

不论做什么事，务必具有自我规划和管理的能力与习惯，正如齐瓦勃一样。这种能力和习惯的有无可以决定一个人工作的好坏及其日后事业上的成败。

 职场行走指南

【自我管理】

人生是一个自我管理的过程，没有谁要求谁，没有谁约束谁，如果把良心和道德当做负担，那么势必是一次漫漫旅程，良心和道德是命运的底线，也是人生的风向标，同时也是我们与生俱来的财富。

坦然接受工作的一切

生活中我们经常看到一些人抱怨自己的工作枯燥、卑微，因而轻视自己所从事的工作，无法全身心投入工作。他们在工作中敷衍了事，"做一天和尚撞一天钟"，从来不愿多做一点儿，但在玩乐的时候却是兴致高昂，得意的时候春风满面，领工资的时候争先恐后。他们将大部分心思都用在如何摆脱目前的工作环境上，似乎不懂得工作应是付出努力，总想避开工作中棘手麻烦的事，希望轻轻松松地拿到自己的工资，享受工作的益处和快乐。

美国独立联盟主席杰克·弗雷斯从13岁起就开始在他父母的加油站工作。弗雷斯起初想学修车，但他父亲却让他在前台接待顾客。当有汽车开进来时，弗雷斯必须在车子停稳前站到司机门前，然后去检查油量、蓄电池、传动带、胶皮管和水箱。

弗雷斯在工作中注意到，如果他活干得好，顾客大多还会再来。于是弗雷斯每次总是多干一些，帮助顾客擦去车身、挡风玻璃和车灯上的污渍。

有一段时间，每周都会有一位老太太开着她的车来清洗和打蜡。这辆车的车内踏板不但很难清洗，而且这位老太太还极其挑剔。每次当弗雷斯将车清洗好后，她都要仔细检查好几次，让弗雷斯重新打扫，直到自己满意为止。终于有一次，弗雷斯忍无可忍，不愿意再侍候她了。

这时，他的父亲告诫他说："孩子，记住，这就是你的工作！不管顾客说什么或做什么，你都要记住做好你的工作。"

父亲的话让弗雷斯深受震动，许多年以后他仍不能忘记。弗雷斯说："正是在加油站的工作使我学到了严格的职业道德和应该如何对待顾客，这些东西在我以后的职业生涯中起到了非常重要的作用。"

看完这个故事，那些在求职时念念不忘高位、高薪，工作中却不能接受工作所带来的辛劳、枯燥的人；那些在工作中推三阻四，寻找借口为自己开脱的人；那些不能不辞辛劳满足顾客要求，不想尽力超出客户预期提供服务的人；那些失去激情，任务完成得十分糟糕，总有一堆理由抛给上司的人；那些总是挑三拣四，对自己的工作环境、工作任务这不满意那不满意的人，是不是都应该对自己说一声："记住，这是你的工作！"记住，丰厚的物质报酬和巨大的成就感永远是与付出辛劳的多少、战胜困难的大小成正比的。

我们知道，人都有趋利避害、拈轻怕重的心理。若接到搬钢琴的任务，多数人会自告奋勇地去拿轻巧的琴凳。但我们是在工作，不是在玩乐！既然你选择了这份职业，选择了这个岗位，就必须接受它的全部，而不是只享受它带给你的益处和快乐。就算是屈辱和责骂，那也是这个工作的一部分。如果说一个清洁工人不能忍受垃圾的气味，他能成为一名合格的清洁工吗？如果说一个推销员不能忍受客户的冷言冷语和脸色，他怎能创下优秀的销售业绩呢？

每一种工作都有它的辛劳之处。体力劳动者，会因为工作环境不佳而感到劳累；在窗明几净的办公室里工作的人，会因为忙于协调各种矛盾而身心疲惫；居于高位的领导者，背负着公司内部管理和企业整体运营的压力。但他们或许正因为如此，在工作出现佳绩的同时也享受到相应的报酬和快乐。

而那些只想享受工作的益处和快乐的人，是无法体会工作带给他的快感的。他们在喋喋不休的抱怨中，在不情愿的应付中完成工作，必然享受不到工作的快乐，更无法得到升职加薪的快乐。

记住，这是你的工作！我们应该把这句话告诉给每一位员工。不要忘记工作赋予你的荣誉，不要忘记你的责任，更不要忘记你的使命。坦然地接受工作的一切，除了益处和快乐，还有艰辛和忍耐。因为这是你的工作，与你的老板、同事、工作对象没有任何关系，他们不能真正帮助你；同样，在你工作得很起劲时，他们也不能真正阻止你。你的事业和前程在自己手中，在你所干的每一份工作中。

 职场行走指南

【入职潜规则】

1.别指望伯乐从天而降，拜你为上卿，能力是干出来的；2.别指望进办公室就成为香饽饽，好人缘不是计较出来的；3.别指望偷奸耍滑老板没啥反应是你聪明，老板通常是积攒型的；4.无论是散播报怨还是说人怀话，你要相信群众的眼睛是雪亮的。保持良好心态，积极干活！

对工作负责就是对自己负责

松下幸之助曾说："责任心是一个人成功的关键。对自己的行为负责，独自承担这些行为的哪怕是最严重的后果，这种素质是构成伟大人格的关键。"事实上当一个人养成了尽职尽责的习惯后，无论从事任何工作他都会从中发现工作的乐趣，并在这种责任心的驱使下，使自己的工作能力和成功几率大幅度提高。

小李是一名毫不起眼的理发师。他的理发店在街角最不起眼的地方，但却是顾客盈门。理由很简单：这里面有一位很好的理发师。他总能把顾客的头发剪出最好的效果。如果能够拥有一个好发型和一份好心情，在路上多花一点时间又有什么关系呢？不仅如此，他的客人还向自己的家人和朋友推荐这家理发店。久而久之，小李的理发店名声大振，成为这个城市中首屈一指的理发店。

在这个过程中，小李招收了一批小学徒。在每次教授技艺的时候，小李总是不忘说这样一句话："记住，每一刀剪下去都要负责任。"这句话也是在小李正式做学徒的那一天师傅对他说的第一句话。

因为这句话，小李对工作的态度近乎偏执。有一次，一位有钱人来店里理发。小李告诉对方，剪发大概要用 40 分钟的时间。对方没有异议。可是，剪到 30 分钟的时候，这位顾客突然接到一个电话，得马上走。小李坚持说：必须把头发剪完才能走，不然的话，会影响整体的效果。顾客很生气，但是小李仍然不肯放他走，并且再三强调要为自己的工作负责。顾客没有办法，只能留在店里把头发剪完。

半年后，那位顾客又来了，他笑眯眯地对小李说："上次因为在你这里剪头发而耽误了生意，我曾发誓再也不来这里剪发了。但后来发现其他理发店剪出来的效果都没有这里好。现在，我和我的朋友们只认你这一家理发店。"

工作就意味着责任。每一个职位所规定的工作任务就是一份责任。你从事这份工作就应该担负起这份责任。我们每个人都应该对所担负的责任充满责任感。责任感与责任不同。责任是指对任务的一种负责和担当，而责任感则是一个人对待任务、对待公司的态度。

一个人责任感的强弱决定了他对待工作是尽心尽责还是敷衍了事。如果你在工作中，对待每一件事都是尽职尽责，出现问题也绝不推脱，那么你将赢得足够的尊敬和荣誉。

生活中，我们常常认为只要准时上班，按时下班，不迟到，不早退就是对工作负起责任了，就可以心安理得地去领工资了。其实，光做到这些还远远不够。一个人无论从事何种职业，都应该心中常存责任感，敬重自己的工作，在工作中表现出忠于职守、尽心尽责的精神，这才是真正的敬业。

社会学家戴维斯说："放弃了自己对社会的责任，就意味着放弃了自身在这个社会中更好的生存机会。"当我们对工作充满责任感时，就能从中学到更多的知识，积累更多的经验，就能从全身心投入工作的过程中找到快乐。这种习惯或许不会有立竿见影的效果，但可以肯定的是，当懒散敷衍成为一种习惯时，做起事来往往就会不诚实。这样，人们最终必定会轻视你的工作，从而轻视你的人品。

一位母亲和她的两个女儿，三人相依为命，过着简朴而平静的生活。后来，母亲不幸病倒，家里的经济状况开始恶化起来。这时候，大女儿珍妮决定出去找工作，以维持家庭生计。

她听说离家不远的地方有一片森林，里面充满着幸运。她决定去碰碰运气。如人们传说的那样，一切都很幸运。当她在森林中迷失方向、饥寒交迫的时候，抬眼一看，不知不觉之中她已经来到一间小屋的门前。

一跨进门，她吃惊地缩回了脚步，因为她看到了杯盘狼藉、满地灰尘的场面。珍妮是一个喜欢干净的姑娘，等她的手一暖和过来，她就开始整理房子。她洗了盘子，整理了床，擦了地。

过一会儿，门开了，进来12个她从没见过的小矮人。他们对屋里焕然一新的环境十分惊讶。小女孩告诉他们，这一切都是她做的。她妈妈病了，她出来找工作，想在这里歇歇脚。

小矮人们非常感激。他们告诉她，他们的仙女保姆去度假了。由于她不在，房子变得又脏又乱。现在他们需要一个临时保姆。小女孩高兴极了，她马上表示愿意当他们的临时保姆。第二天，她早早地起床，给主人们做早餐，打扫屋子，准备晚餐。手脚勤快，工作又认真。第三天、第四天也是如此。

到了第五天的时候，她透过厨房的窗子看到了美丽的森林风景。"对了，自从来到这里，我还没有见过白天森林的景色。出去看看吧。"小女孩对自己说道。

一切都是那么新奇。她在外面玩了整整两个小时。回到屋里的时候，太阳已经快落山了。她急急忙忙地跑过去整理床铺，洗盘子，准备晚饭。还有一件重要的事情——打扫地毯和地毯下面的灰尘。但由于时间太短，她决定不打扫地毯下面的灰尘了。她心想：反正地毯下面没人看得见，有点灰尘也没有关系。

一切都非常顺利，小矮人回来后，并没有发现什么。又过了一天，珍妮又跑出去玩，又没有打扫地毯下的灰尘。"我每周清理一次灰尘就可以了。"珍妮对自己说道。又过了5天，小矮人们也没有说些什么。用过晚餐，他们聚在一起打扑克。其中有一位小矮人丢了一张牌，他们到处寻找都没有找到。这时候有一位小矮人开玩笑地说："说不定那张牌钻到地毯下面去了。"

很不幸的是，居然有人相信他的话，他们揭开了地毯，看见了灰尘满地的地板。

结局如你所料，幸运之神不再眷顾珍妮，她丢掉了这份工作，离开森林，开始寻找下一份工作。在深深的懊悔中，她开始明白：就算机会垂青，工作机遇降临身边，也要付出责任心，百分之百地完成自己的工作。这样才算真正地掌握了机会，利用了机会。

这是一个在美国故事书中经常出现的故事。很多人都知道，同时也有很多人从这个故事中领悟到了生活和工作的真谛。他们的内心拥有平衡感，不会因为看到某个人在一夜之间成功就说："他们是上帝的宠儿，是机遇让他们成功的。"他们能够更清楚地看待成功的本质，认为成功取决于个人品质。

责任感是我们战胜工作中诸多困难的强大精神动力，它使我们有勇气排除万难，甚至可以把"不可能完成"的任务完成得相当出色。一旦失去责任感，即使是做自己最擅长的工作，也会做得一塌糊涂。

或许有人会说，只有公司管理层人员才需要很强的责任感，而自己只是一名普通员工，只要把事情做完了就行了。事实上，企业是由众多员工组成的，或许因为分工不同、岗位不同，职责也不尽相同，但每一个人却都担负着企业生死存亡、兴衰成败的责任，因此无论职位高低都必须具有很强的责任感。

一个缺乏责任感的员工，不将企业的利益视为自己的利益，很难处处为企业利益着想。这样的人在任何一个企业都是可有可无的，即使自己不辞职，随时都有可能被解雇。

一个有责任感的员工，不仅仅认真完成自己分内的工作，而且要时时刻刻为企业着想。这样的人，在任何一家公司都会被需要，都会得到公司的信任和尊重。事实上，只有那些能够勇于承担责任并具有很强责任感的人，才有可能被赋予更多的使命，才有资格获得更大的机遇和荣誉。

对待工作，是充满责任感、尽自己最大的努力去完成任务，还是敷衍了事，这一点正是事业成功者和事业失败者的分水岭。事业有成者无论做什么，都力求尽心尽责，丝毫不放松努力；不负责任者无论做什么，都轻率疏忽，一遇到问题就推托借口。这就是二者最大的区别。

面对日益激烈的竞争，无论从事何种工作，缺乏工作责任感，无疑给自己贴上一张失业的标签。对工作负责，就是对自己负责。要知道，职场中容不得半点不负责任，你若不对自己和自己的工作负责，怎么企求别人对你负责呢？

 职场行走指南

【摆脱穷忙】

1.思考你想要的生活；2.明白你为谁工作；3.找到"穷"与"富"、"忙"与"闲"的平衡；4.你必须积累财富；5.适时地控制欲望；6.清晰的人生规划；7.持久的耐力；8.良好的人际关系氛围；9.培养自己的业余爱好；10.不断挑战自己。

感激工作

有位父亲告诫刚踏入社会的儿子："若你遇到一位好老板，便要忠心地为他工作；假如第一份工作就有很好的薪水，那算你的运气好，要努力工作以感恩惜福；万一薪水不理想，老板也不太好，就要懂得在工作中磨炼自己的技艺。"

这位父亲是睿智的，所有年轻人都应将这些话牢牢地记在心底，始终秉持这个原则做事。即使起初位居他人之下，也不要计较。在工作中不管做任何事，都应将心态回归到零，学会感激工作中的一切：感谢工作环境，感谢你的老板，感谢每一次的工作机会，并积极地将每一次工作任务都视为一个新的开始，一段新的体验，一扇通往成功的机会之门。

或许每一份工作都无法尽善尽美，但每一份工作中都有宝贵的经验和资源，如失败的沮丧、成长的经验、老板的严苛和同事间的竞争等等，这些都是任何一个工作者走向成功必须体验的感受和必须经历的锻造。

一种感恩的心态可以改变一个人的一生。如果你能每天怀着感恩的心情去工作，在工作中始终牢记"拥有一份工作，就要懂得感恩"的道理，你一定会收获很多。

当我们清楚地意识到无任何权力要求别人时，就会对周围的点滴关怀或任何工作机遇都怀有强烈的感恩之情。因为要竭力回报这个美好的世界，我们会竭力做好手中的工作，努力与周围的人快乐相处。

结果，我们不仅心情会更加愉快，所获帮助也会更多，工作就会更出色。

我们生而为人，并能顺利走到今天，感谢父母的恩惠，感谢大众的恩惠，感谢师长的恩惠，感谢国家的恩惠；没有父母养育，没有大众助益，没有师长教诲，没有国家爱护，我们何能存于天地之间？所以，感恩不但是美德，而且是一个人之所以为人的基本条件。

感恩已经成为一种普遍的社会道德。然而，人们常常为一个陌路人的点滴帮助而感激不尽，却无视朝夕相处的老板的种种恩惠和工作中的种种机遇。这种心态总是导致他们轻视工作，并把公司、同事对自己的帮助视为理所当然，还时常牢骚满腹、抱怨不止，也就更谈不上恪守职责了。

对工作心怀感恩的心情基于一种深刻的认识：工作为你展示了广阔的发展空间，工作为你提供了施展才华的平台。你对工作为你所带来的一切，都要心存感激，并力图通过努力工作以回报社会来表达自己的感激之情。

感恩既是一种良好的心态，又是一种奉献精神，当你以一种感恩图报的心情工作时，你会工作得更愉快，你会工作得更出色。

真正的感恩应该是真诚的、发自内心的感激，而不是为了某种目的，迎合他人而表现出的虚情假意。

时常怀有感恩的心情，你会变得谦和、可敬且高尚。每天都用几分钟时间，为自己能有幸拥有眼前的这份工作而感恩，为自己能进这样一家公司而感恩。

对工作心怀感恩并不仅仅有利于公司和老板。"感恩能带来更多值得感恩的事情",请相信,努力工作一定会带来更多更好的工作机会和成功机会。

此外,对于个人来说,感恩赋予我们富裕的人生。感恩是一种深刻的感受,能够增强个人的魅力,开启神奇的力量之门,发掘出无穷的智慧。

一个人若失去感恩之情,会马上陷入一种糟糕的境地,对许多客观存在的现象日益挑剔甚至不满。如果你的头脑被那些令你不满的现象所占据,你就会失去平和、宁静的心态,并开始习惯于注意那些琐碎、消极、猥琐、肮脏甚至卑鄙的事情。放任自己的思想关注阴暗的事情,并让自己也慢慢变得阴暗。相反,若你把注意力全部集中在光明的事情上,你将会变成一个积极向上的人,一个大有作为的人。

不要浪费时间去分析和抨击高高在上的公司领导,不要无休止地指责和厌恶在某些方面不如自己的部门主管,指责别人并不能提高自己。

相反,抨击和指责他人只能破坏自己的进取心,给自己徒增烦恼和不满。请相信,市场永远是公平的,它会以自己的方式去实现公平。

那些牢骚满腹的年轻人,请将目光从别人的身上转移到自己手中的工作上,心怀对工作的感激之情,多花一些时间,想想自己还有哪些需要改进和提高的地方,看看自己的工作是否已经做得很完美了。如果你每天能怀着一颗感恩的心而不是抱怨的心态去工作,相信工作时的心情是愉快而积极的,工作的结果也将大不相同。

职场行走指南

【职场十点需牢记】

1.知人不必言尽，留些口德；2.责人不必苛尽，留些肚量；3.才能不必傲尽，留些内涵；4.锋芒不必露尽，留些深敛；5.有功不必邀尽，留些谦让；6.得理不必争尽，留些宽容；7.得宠不必恃尽，留些后路；8.气势不必倚尽，留些厚道；9.富贵不必享尽，留些福泽；10.凡事不必做尽，留些余德。

你在
为谁工作
Who Are You Working For

第三章
你属于哪种职业人

　　每个人都有不同的职业轨迹，有的人成为公司里的核心员工，受到老板的器重；有的人一直碌碌无为，不被人知晓；有的人牢骚满腹，得到的也只能是满腹牢骚。事实上，除了少数天才，大多数人的禀赋相差无几，关键是你将自己定位为哪种人。

努力找工作还是努力干工作

生活中，我们经常可以看见这样一些人，他们整日在不同公司之间穿梭，看起来很忙，但却不是在为工作而忙，而是在忙着到处寻找工作。他们曾经在许多公司任职，从事过不同的职业，能力不能说没有，但却被自己满腹的抱怨掩盖。其实，他们所抱怨的东西并不是导致失业的最主要原因。恰恰相反，这种抱怨的行为正好说明，他们现在的处境———四处寻找工作的苦楚，完全由自己一手造成。

他们说："每天累死累活，只能拿到这点钱，这算是什么工作？"

他们说："老板太抠门，干得再好有什么用？"

他们说："公司领导一个比一个差劲，这根本就是一个烂摊子，在这干得再久也翻不了身。"

……

他们就这样抱怨公司的老板抠门，抱怨工作时间过长，抱怨公司管理制度严苛，甚至抱怨自己当初怎么会进这家公司……他们的这种抱怨，有时会使自己的内心压力暂时得到一定的缓解，但是，持续的抱怨势必会使人的思想摇摆不定，不能专注地工作，从而影响到工作的态度和情绪。久而久之，问题自然就出现了，到那时即使你不炒老板的鱿鱼，老板也已将你列入黑名单。如果你因此养成抱怨的习惯，想找到下一份工作，或者想在下一份工作中有所作为，是一件很难的事。这一点，凡是频繁换过工作的人都应该有自己的体会。

《致加西亚的信》的作者阿尔伯特·哈伯德曾向一位聘用过数以百计员工的管理者请教，问他是如何考察不同的应聘者的。这位管理者说："我招聘员工时，十分看重应征者如何评价自己刚刚离开的那家公司和以前从事的主要工作。如果前来应征的人只是说过去雇主的坏话，甚至恶意中伤，这种人我是无论如何也不会雇用的。"

抱怨使人思想肤浅，心胸狭窄，一个将自己头脑装满了抱怨的人无法容纳未来，也不会被未来容纳。

看看我们周围那些只知抱怨不努力工作却在努力找工作的人吧，他们从不懂得珍惜自己目前的工作机会，总是抱着近乎愚蠢的奢望，以为下一个工作会更好。他们不懂得，丰厚的物质报酬是建立在努力工作的基础上的；他们更不懂得，即使薪水微薄，也可以充分利用工作的机会提高自己的技能。他们在日复一日的抱怨中，失去一次又一次的工作机会，任自己的大好年华白白流逝，使自己原有的技能在飞速发展的现代社会变得一钱不值。他们始终没有清醒地认识到一个严酷的现实：在竞争日趋激烈的今天，工作机会来之不易。不珍惜工作机会，不在自己现有的工作中努力，不管学历有多高，能力有多强，最终都会被庞大的失业队伍淹没。

小王大学毕业后便找到了一份不错的工作，同学、朋友都祝贺他，他开玩笑道："瞧瞧你们那点追求，这工作就算好了？这只是开头，好的还在后面呢。"小王工作后，在公司附近租了一套房子，这时他的女友也找到了一份不错的工作，于是俩人决定合租。两个人两份工资，交完房租外，剩下的足够贴补生活之需，日子过得相当惬意。

可是好景不长，没过几个月小王就突然烦躁起来，从公司一回家就对女友诉说对公司的不满，抱怨公司领导层的无能，没几天就辞职另找了一份自己认为不错的工作，并将家也搬了过去。

如此几年后，他因不停更换工作，将家从南城搬到东城，再从东城搬到北城，有时一年中光搬家就有好几次。他的女友开始还以为他真的没碰上好工作，还经常安慰他，让他不要着急。后来越发觉得不对，也慢慢对他各种各样的抱怨产生了反感，终于在他又一次准备辞掉工作时，向他发出了最后通牒。

她说："咱们俩在一起这么多年，光工作你就换了七八个，每个你都说不行，难道这些公司真都像你说的那样不行吗？我看你干事就是虎头蛇尾，而且不愿意吃苦，别人住在东城都可以去北城上班，你为什么不行？"接着说："如果你这次再不坚持下去，我看我们也只能做个普通朋友了。"

听了女友的话，小王不知如何是好，没几天就一个人搬了出去。原来，这次不是他不想坚持干下去，而是他没好好干公司要辞他，他不好意思跟女友说实话，才说是自己想要辞职的。这样的事在他身上并不是第一次发生，却是第一次的无可挽回。

几个月后，小王在一家超级市场门口偶然碰到他的女友，女友问他最近怎样，他尴尬地笑了笑说："现在要找一份好工作真是不容易，到处都是找工作的人，竞争很激烈。不过我刚找到一家还算合适的，虽然工作性质和以前不同，工资也没有以前那么高，但和我找的别的几家比起来已经很不错了。"

女友看到他这种情况显然不知道说什么。他急忙说："我得走了，这家公司约我两点半面试，我不能迟到。"

故事中小王的情况具有一定的普遍性。生活中像他这样因不努力工作而去努力找工作的人比比皆是，他们在一次一次的失业中降低了自己，使自己得到了应得的藐视。

人们说，赌博就像用两只碗来回倒一碗水，倒来倒去，只有一个结果：碗里的水越来越少。其实，因为自己不努力而频繁更换工作也一样，是用无数个碗来倒一碗水，最后能剩下什么可想而知。现在社会上找工作的越来越多，光北京大型招聘会一年就有几十场，每一场都是人满为患。据此，很多人认为，大多数人的失业是因为用人单位减少了对劳动力的需求，才使得很多很有能力的人无用武之地。事实真的是这样吗？当然不是，现在许多公司、机构里，有很多空缺职位没有合适的人填补。在报纸上，到处都有"诚聘职员"的广告，许多老板也正急切地想找到能为自己所用的人才。再者，一年几十场的大型招聘会本身也说明这种说法根本不能成立。

如果非要对此作出解释，那答案或许只有一个，所有的公司需要的都是那些受过良好的职业训练、具有非凡才干的人才和那些能够努力工作、积极进取的员工，而不是投机取巧、马虎轻率、嘲弄抱怨、朝秦暮楚的平庸劳动力。

迈斯曾经做过许多种工作，却一次次地沦落为一位可怜的失业者。他总是唉声叹气地对身边的人说："工作压力太大，生活负担太重。"他渴望能够获得一个有充分闲暇时间的工作，有时候他甚至将无所事事看成是一种人生乐趣。

如此他换了很多种工作，但没一个能达到他要求的标准，于是他到中年时，仍觉得自己的生活苦不堪言，想改变却又无从着手，只好逢人便说："我怎么这么倒霉，这么多年连个像样的工作都找不到。"

我们知道，人一般都有好逸恶劳的习性，按部就班的人不会没事找事，如果不是被环境所迫，多半都只会安于现状，不求上进。而当不幸真的降临时，他们却只会问："为什么倒霉的事总发生在我身上？"从不在自己身上找原因。

好工作不是找出来的，是干出来的。其实，我们每一个人一直都拥有成为优秀员工的潜能，一直都拥有被委以重任的时机，一直都面对升迁和加薪的大门。

但是，为什么一定要等到无路可走的时候，在遭遇人生的"晴天霹雳"之后，才试着改变自己的心态和做事方式呢？不要在平安舒服的日子里让光阴一点点溜走，不要在那里坐等"晴天霹雳"突然将你击倒。努力工作的人懂得，要把命运牢牢地掌握在自己手中，不给"晴天霹雳"击倒自己的机会。

有位哲人说过："只有拒绝成长的人，才会觉得成长痛苦不堪。"

上天通常都是先用温和的警报来提醒我们，但当我们对他的警报置之不理时，他老人家就会重重地敲下一锤来。

从平凡的工作中脱颖而出，一方面由个人的才能决定，另一方面则取决于个人的进取心态。这个世界为那些努力工作的人大开绿灯，直到他生命的终结。

在《致加西亚的信》一书中，有这样一段话："每个雇主总是在不断地寻找能够助自己一臂之力的人，同时也在抛弃那些不起作用的人——任何阻碍公司发展的人都要被拿掉。每个商店和工厂都有一个持续的整顿过程。雇主会经常送走那些显然无法对公司有所贡献的员工，同时也吸引新的员工进来。不论业务多么繁忙，这种整顿会一直进行下去。只有当公司不景气、就业机会不多的情况下，整顿才会出现较佳的成效——那些不能胜任、没有敬业精神的人，都被摈弃在就业的大门之外，只有那些勤奋能干、主动自发的人才会被留下来。"

为了公司的利益，每个老板只保留那些在工作上最努力、在岗位上最称职的职员。

珍惜你现在的工作，做一个努力工作的人吧！这或许并不是你唯一的选择，但肯定是你最聪明的选择。

职场行走指南

【社会中十种失败的人】

1. 高智商低情商的人；2. 小肚鸡肠的人；3. 不自信的人；

4. 不识人情世故的人；5. 坐井且不观天的人；6. 内心封闭的人；

7. 一毛不拔的人；8. 曲意逢迎的人；9. 不顾及别人感受的人；

10. 经不起挫折的人。

完美执行还是寻找借口

工作中只有两种行为：要么努力挑战困难完美执行，要么避重就轻寻找借口。前者可以带来成功，而后者只能走向失败。

巴顿将军在他的战争回忆录《我所知道的战争》中曾写到这样一个细节：

"我要提拔人时常常把所有的候选人排到一起，给他们提一个我想要他们解决的问题。我说：'伙计们，我要在仓库后面挖一条战壕，8英尺长，3英尺宽，6英寸深。'我就告诉他们那么多。我有一个有窗户或有大节孔的仓库。候选人正在检查工具时，我走进仓库，通过窗户或节孔观察他们。我看到伙计们把锹和镐都放到仓库后面的地上。他们休息几分钟后开始议论我为什么要他们挖这么浅的战壕。他们有的说6英寸深还不够当火炮掩体。其他人争论说这样的战壕太热或太冷。如果伙计们是军官，他们会抱怨他们不该干挖战壕这么普通的体力劳动。最后，有个伙计对别人下命令：'让我们把战壕挖好后离开这里吧。那个他想用战壕干什么都没关系。'"

巴顿最后写道："那个伙计得到了提拔。我必须挑选不找任何借口完成任务的人。"

无论什么工作，都需要这种不找任何借口去执行的人。对我们而言，无论做什么事情，都要记住自己的责任，无论在什么样的工作岗位上，都要对自己的工作负责。不要用任何借口来为自己开脱或搪塞，完美的执行是不需要任何借口的。

一位长期在公司底层挣扎，时刻面临着失业危险的中年人来看心理医生。医生问他发生了什么事。他神情激昂地说："我怎么也睡不着，想不通。"然后开始抱怨公司老板如何不愿意给自己机会。

"那么你为什么不自己去争取呢？"医生说。

"我曾经也争取过，但是我不认为那是一种机会。"他依然义愤填膺。

"你能说得具体点吗？"

"前些日子，公司派我去海外营业部，但是我觉得像我这样的年纪，怎么能经受如此折腾呢。"

"为什么你会认为这是一种折腾，而不是一种机会呢？"

"难道你看不出来吗？公司本部有那么多职位，却让我去如此遥远的地方。我有心脏病，这一点公司所有的人都知道。"

医生无法确认这位先生是否真的得了心脏病，但他已经知道了这位先生的"病根"，那就喜欢在困难面前为自己找借口。

于是，医生给他讲了一个与他的情形截然相反的故事，故事的主人公就是体育界的成功者罗杰·布莱克。

罗杰·布莱克的杰出并不在于他非凡的令人瞩目的竞技成绩——他曾经获得奥林匹克运动会 400 米银牌和世界锦标赛 400 米接力赛金牌。而更让人心生触动的是，所有的成绩都是在他患有心脏病的情况下取得的。

除了家人、亲密的朋友和医生等仅有的几个人知道其病情外，他没有向外界公布任何消息。带着心脏病从事这种大运动量的竞技项目，不仅很难有出色的发挥，而且有可能危及生命安全。第一次获得银牌后，他对自己依然不满意。如果他告诉人们自己真实的身体状况，即使在运动生涯中半途而废，也会获得人们的理解的。但是罗杰却说："我不想小题大做。即使我失败了，也不想将疾病当成自己的借口。"作为世界级的运动员，这种精神一直存在于他的整个职业生涯中。医生刚讲完罗杰·布莱克的事，这位中年先生就自己走出了医生的治疗室。

那些认为自己缺乏机会的人，往往是在为自己所面临的困难寻找借口。成功者不善于也不需要编造任何借口，因为他们能为自己的行为和目标负责，也能享受自己努力的成果。

在工作中，我们每个人都应该发挥自己最大的潜能，努力地工作而不是浪费时间寻找借口。公司安排你这个职位，是为了解决问题，而不是听你对困难的长篇累牍的分析。

习惯性的拖延者通常是制造借口与托辞的专家。他们经常为没做某些事而制造借口，或想出各式各样的理由为事情未能按计划实施而辩解。"这个工作做起来难度太大""客户不回信我有什么办法""这段时间实在太忙，把这件事给忘了""这么大的工程只给这么点时间，怎么可能完成""什么样的工作条件出什么样的活"等等，听上去好像是"理智的声音""合情合理的解释"，但不论借口是多么的冠冕堂皇，借口就是借口，它所能带给你的后果，一点也不会因你的借口如何完美而有丝毫改变。

在工作中找借口是最愚蠢的人都能想到的办法，更是世界上最容易办到的事情。如果你存心拖延逃避，你总能找出借口。找借口是一种很不好的习惯。出现问题不是积极、主动地加以解决，而是千方百计地寻找借口，你的工作就会拖沓，以致没有效率。借口变成了一面挡箭牌，事情一旦办砸了，就能找出一些看似合理的借口，以换得他人的理解和原谅。一般情况下，我们找借口无疑是为了把自己的过失掩盖掉，心理上得到暂时的平衡。但长此下去，借口成习惯，人就会疏于努力，不再想方设法积极进取了。

有多少人因为把宝贵的时间和精力放在了如何寻找一个合适的借口上，而耽误了自己的前程！有多少人因为工作不努力、不认真，一见困难就找机会推脱，一出问题就找借口掩盖，而错过了一次又一次挑战自我争取成功的机会！

罗斯是公司里的一名老员工，专门负责跑业务，业绩一直不错。只是有一次，他负责的一笔业务突然被别的公司抢先拿走了，给公司造成了一定的损失。事后，他向公司领导解释说，因为自己的腿伤发作，比竞争对手晚去了半个小时。公司领导知道他工作一直很卖力，而且腿伤也是因前几年出差伤的，所以并未对他有任何责备之意。

罗斯的腿伤并不严重，只有仔细去看才会觉得他有点跛，但根本不影响他的形象和工作。可不幸的是，罗斯自此次用借口将责任推脱过去后，心理得意极了。以后每当公司要他出去联络一些困难较大的业务时，他都以他腿不行，不能胜任这项工作为借口而推诿。

公司领导开始还挺注重他的能力的，因为他经常推脱，时间一长，逐渐将他忘了，一有重大任务便委派别的业务员去做。罗斯见领导不再将一些困难的任务交给自己，心里还暗自庆幸自己的明智。心想，这种费力不讨好的任务，谁爱做谁做去。

如此种种，罗斯将大部分时间和精力都花在如何寻找更合理的借口上，一碰到难办的业务能推就推，好办的差事能抢就抢。而无论什么样的业务一旦没有完成，他就找出种种借口为自己开脱。

一年后公司按绩效施行裁员，罗斯列在被裁名单的第一位。公司领导将他叫进办公室，对他说："你为公司负过伤，以前干得也不错，公司最不该裁的就是你,但是你这一年都干了些什么?绩效几乎是零,而更重要的是作为一名老员工,你已在公司内部造成了负面影响……因此,公司只能让你走。"

罗斯刚要张嘴说什么,公司领导立即说道:"你不要再对我讲什么理由,这一年我听够了,你到财务处办手续去吧。"

在任何一家公司或者企业中,那些企图靠种种借口来蒙混公司、欺骗管理者的人,最后只能落得像罗斯一样的下场。他们不尊重自己,却企求别人对他的尊重;他们不尊重工作,却梦想从工作中得到一切。这种毫无责任心的人在社会上也不会被大家信赖和尊重。

借口是对惰性的纵容。每当我们要付出劳动,或要做出抉择时,总想让自己轻松些、舒服些。这时借口总是在我们的耳旁窃窃私语,告诉我们因为某原因而不能做某事,久而久之,我们甚至会潜意识地认为这是"理智的声音"。假如你有此类情况,那么请你做一个实验,每当你使用"理由"一词时,请用"借口"来替代它,也许你会发现自己再也无法心安理得了。

 职场行走指南

【老板不会重用的几种人】

1.献媚者,巧言令色却妒贤嫉能;2.投机者,谋求"卖个好价钱";3.自命不凡者,无法容忍更有才能的人;4.权力欲强者,常常为实现野心不择手段;5.爱慕虚荣者,自吹自擂,缺乏实干;6.四平八稳者,只求舒适职位,缺乏干劲和创造力。

认真负责还是投机取巧

　　对工作和自己的行为百分之百负责的人，他们更愿意花时间去研究各种机会和可能性，因此，他们更值得被信赖，也因此能获得别人更多的尊敬。与之相反，对工作总是敷衍了事的人，他们更愿意发挥自己"投机取巧，避重就轻"的特长，更愿意在"上有政策，下有对策"上发挥自己的聪明才智，并以让自己在工作中能随意获得片刻的清闲为荣。这两种人，前者在工作中认真负责也许并不会有什么回报，但他因为做事一丝不苟所培养起来的品格，所获得的经验和成长的智慧，终究会使他在自己的事业上一往无前。而后者在工作中投机取巧也许能让他得到一时的便利，但他因为长期在工作中投机取巧、无所事事，他的工作能力不仅会为之退化，品格也会变得堕落，为自己的一生埋下隐患。

　　下面这个故事，或许能给我们一个更直观的警示：

　　一个人看见一只幼蝶在茧中拼命挣扎了很久，觉得它太辛苦了，出于怜悯，就用剪刀小心翼翼地将茧剪掉了一些，让它轻易地爬了出来，然而不久这只幼蝶竟死掉了。

　　幼蝶在茧中挣扎是生命过程中不可缺少的一部分，是为了让身体更加结实、翅膀更加有力，而这种投机取巧的方法只会让其丧失生存和飞翔的能力。

　　世界上绝顶聪明的人很少，绝对愚笨的人也不多，一般都具有正常的能力与智慧。那么，为什么有些人成功了而有些人却总是遭受失败呢？这里面最重要的一个原因就是他们对待工作所持有的态度，那些对工作认真负责的人，从中获得了掌控自己命运的能力，同时也将自己的事业一步一步推向高峰；那些习惯于投机取巧的人，不愿意付出与成功相应的努力，却希望到达辉煌的巅峰，不愿意经过艰难的道路，却渴望取得事业上的胜利。这岂不是痴人说梦。

投机取巧实在是一种不好的心态，而成功者的秘诀恰好就在于他们能够超越这种心态。

在一家电脑销售公司里，老板吩咐三个人去做同一件事：到供货商那里去调查一下电脑的数量、价格和品质。第一个人5分钟就回来了，他并没有亲自去调查，而是向下属打听了一下供货商的情况，就回来做汇报。

30分钟后，第二个人回来汇报，他亲自到供货商那里了解了一下电脑的数量、价格和品质。

第三个人90分钟后才回来汇报。原来，他不但亲自到供货商那里了解了电脑的数量、价格和品质，而且根据公司的采购需求，将供货商那里最有价值的商品做了详细记录，并和供货商的销售经理取得了联系。另外，在返回途中，他还去了另外两家供货商那里了解了一些相关信息，并将三家供货商的情况作了详细的比较，制定出了最佳购买方案。

结果，第二天公司开会，第一名员工被老板当着大家的面训斥了一顿，并警告他，如果下一次出现类似情况，公司将开除他。第三名员工，因为勇于负责，恪尽职守，在会议上受到老板的大力赞扬，并当场给予了奖励。

在这三个人当中，你认为自己属于哪一种人呢？

如果你想在公司获得成功，你必须做第三个人，这种人无论身居何处，都是企业殷切想要网罗的人才。如果你想获得很多，你就必须付出得比别人更多，尤其重要的一点是：你必须做一个认真负责的人，而不是一个投机取巧的人。

 职场行走指南

【十大致命状态】

1.畏惧：不敢接受挑战；2.愤怒：因假想产生敌意；3.冷漠：事不关己高高挂起；4.紧张：经常焦虑不安；5.忧虑：因隐性问题困扰内心；6.敌意：过于强烈的厌恶感；7.嫉妒：对他人成就心生不满；8.贪婪：无节制地追求享受；9.自私：只顾考虑自身利益；10.麻木：得过且过没热情。

服从还是敷衍

在美国南卡罗来纳州的美国海军陆战队营地，每周都会有大批的人员来到这里。他们是美国某个公司的员工，来这里的目的并非是参观旅游，而是来接受陆战队的训练，他们要学会像陆战队员一样服从，像陆战队员一样接收指令，像陆战队员一样对任务用心领悟。

他们的车一进营区，士官长的吼声就震耳欲聋：

"从现在开始，你们都归我管，不管我说什么，你们都得照做、马上做，不准有任何疑问，清楚吗？"

"是，长官。"

"我听不见！"

"是！长官！"

作为美国海军陆战队员，要学习的第一课就是绝对服从上级的命令，对任务用心领悟，从不怀疑，更不会讨价还价。

长官一声令下，队员立即无条件执行——滂沱大雨中，士兵照常训练，执行口令不得有丝毫懈怠；没有长官的命令，行进路上的水洼沟壑好像根本就不存在；新兵的第一次跳伞训练，每个人在机舱口都不得有一丝犹豫。

为什么美国海军陆战队要求"毫无保留地服从"？这是一个十分简单的道理，因为没有服从的精神，就没有纪律，没有纪律的军队就没有战斗力，就无法有效地完成任务。

同样，工作中，我们的团队同样需要无条件地服从，对上级命令的服从，对下达任务的服从，对公司利益的服从。服从不仅是对上级命令的贯彻，它更多地表现为对工作积极接受的态度，意味着不逃避责任、热情投入以及牺牲精神。它常常在我们的生活中以另一种姿态出现，那就是"敬业"。

小林是一名保险公司的从业人员，他是大区仅有的 5 个顶级会员之一。当别人问起她成功的经验时，她说："我曾是一名军人，客户的需求就是命令。对于每一项命令，我都会全力以赴，不计代价地完成，因为服从命令是我的习惯。"

对于任何团体和组织，服从精神的重要性都不言而喻。服从命令的习惯不仅能让个人变得敬业，还能强化整个团队的工作能力。团队有如一部联动机，当所有的部件都能忠实履行自己的职责，整个机器才能运转自如，而当各个部件都有超常表现时，整个机器的性能就会成倍地提高。

相反，各自为战的个人主义不但会毁掉个人的前途，也会腐蚀掉整个团队的战斗力。对分配的工作百般敷衍，这样的员工只会令老板徒增烦恼，更不可能被委以重任。

某公司老板要赴国外公干，且要在一个国际性的商务会议上发表演说。他身边的几名工作人员为此忙得头晕眼花，要把他所需的各种物件都准备妥当，包括演讲稿在内。

在该老板出发的那天早晨，各部门主管也来送机。老板秘书问其中一个部门主管："你负责的文件打好了没有？"

这位主管睁着惺忪睡眼道："昨晚只睡 4 小时，我熬不住睡去了。反正我负责的文件是以英文撰写的，老板看不懂英文，在飞机上不可能复读一遍。待他上飞机后，我回公司去把文件打好，再以电讯传去就可以了。"

谁知，老板到达后，第一件事就问这位主管："你负责预备的那份文件和数据呢？"这位主管按他的想法回答了老板。老板闻言，脸色大变："怎么会这样？我已计划好利用在飞机上的时间，与同行的外籍顾问研究一下自己的报告和数据，你这是白白浪费我坐在飞机上的时间呀！"闻言，这位主管的脸色变得惨白。没过多久，他就丢掉了主管的职务。

我们在执行工作任务时，对命令的尊重与服从是至关重要的，敷衍只能让我们有暂时的喘息，坚决的执行才是解决问题的根本方法。

在公司中，只有每个成员都能坚决服从工作指令，并完美地去执行，才能保证公司整体正常运转。这一点，每一个公司老板都很清楚，作为公司的员工更应清楚。

职场行走指南

【职场六到，让你离成功更近一步】

1.耳到——善于倾听，听中有悟；2.眼到——眼中有活，眼看玄机；3.嘴到——能说会道，关系融洽；4.手到——动手做事，磨炼技艺；5.心到——恒心坚持，成功在望；6.身到——投身干活，感动人心。

主动工作还是被动做事

拿破仑·希尔曾经说过："自觉自愿是一种极为难得的美德，它驱使一个人在没有人吩咐应该去做什么事之前，就能主动地去做应该做的事。"职场中有一些人只有被人从后面催促，才会去做他应该做的事。这种人大半辈子都在辛苦地工作，却得不到提拔和晋升。反之，在工作中抱着积极主动的态度，努力改进自己的工作，驱策自己不断前进，才会使自己从激烈的竞争中脱颖而出。

小张生活在一个工薪阶层的家庭中，因为兄弟姐妹比较多，他刚刚高中毕业，便不得不放弃上大学的机会，到一家百货公司去打工。但是，他不甘心就这样工作下去，每天都在工作中不断学习，想办法充实自己，努力改变自己的工作境况。

经过几个星期的仔细观察后，他注意到主管每次总要认真检查那些进口的商品账单。由于那些账单用的都是法文和德文，他便开始在每天上班的过程中仔细研究那些账单，并努力钻研学习与这些商务有关的法文和德文。

有一天，他看到主管十分疲惫和厌倦。看到这种情况，他就主动要求帮助主管检查。由于他干得实在是太出色了，以后的账单自然就由他接手了。

过了两个月，他被叫到一间办公室里接受一个部门经理的面试。所在部门的经理年纪比较大，他说："我在这个行业里干了40年，根据我的观察，你是唯一一个每天都在要求自己不断进步、不断在工作中改变自己，以适应工作要求的人。从这个公司成立开始，我一直在从事外贸这项工作，也一直想物色一个像你这样的助手。因为这项工作所涉及的面太广，工作比较繁杂，需要的知识很庞杂，对工作的适应能力要求也特别高。我们选择了你，认为你是一个十分合适的人选，我们相信公司的选择没有错。"

尽管小张对这项业务一窍不通，但是，他凭着对工作不断钻研、学习的精神，让自己的能力不断地提高。半年后，他已经完全胜任这项工作。一年后，他接替了那位经理的工作，成了这个部门的经理。

有一句美国谚语说："通往失败的路上，处处都是错失的机会，坐待幸运从前门进来的人，往往忽略了从后门进入的机会。"只有对工作勇于负责，每天主动自发、自觉自愿地将工作干好，每天都使自己有所创新、有所进步的人，才能够成为一个卓越的职员。

然而不幸的是，我们大多数人的弊病是：容易养成被动工作的习惯，不但不会主动去做老板没有交代的工作，甚至老板交代的工作也要一再督促才能勉强做好。这种被动的态度自然会导致一个人的积极性和工作效率下降。久而久之，即使是被交代甚至是一再交代的工作也未必能把它做好，因为他习惯于想方设法去拖延、敷衍。

罗杰在一家五金店做事，每月的薪水是 75 美元。有一天，一位顾客买了一大批货物，有铲子、钳子、马鞍、盘子、水桶、箩筐等等。这位顾客过几天就要结婚了，提前购买一些生活和劳动用具是当地的一种习俗。货物堆放在独轮车上，装了满满一车，骡子拉起来也有些吃力，顾客希望罗杰能帮他把这些东西送到他家去。其实送货并非是罗杰的职责，罗杰完全是出于自愿为客户运送如此沉重的货物。途中车轮一不小心陷进了一个不深不浅的泥潭里，顾客和罗杰使尽了所有的力气，车子仍然纹丝不动。恰巧有一位心地善良的商人驾着马车路过，帮罗杰他们把车子拉出了泥潭。

当罗杰推着空车艰难地返回商店时，天色已经很晚了，但老板却并没有因罗杰的额外工作而称赞他。一个星期后，那位商人找到罗杰并告诉他说："我发现你工作十分努力，热情很高，尤其我注意到你卸货时清点物品数目的细心和专注。因此，我愿意为你提供一个月薪500美元的职位。"罗杰接受了这份工作。

在实际工作中，我们应该自觉自愿地多做一些工作，说不定这些额外的付出就是你走向成功的开始。

小刘是一家公司的普通职员，平时的工作只是收发、转送领导文件。当公司出现一些无人料理的事情时，别的同事都为能少做就少做而推来推去，而小刘就像一颗螺丝钉一样赶快补上，不多久一份工作就漂亮地完成了。从此"小刘，你见一下那个客户""小刘，你去做那件事情"的指派越来越多。

小刘从未觉得自己是个被人支来支去的"小跑堂"。虽然杂事很多，但是得到锻炼的机会也多，比如叫他去接触传媒，联系公司的广告业务，参与广告文案的写作，选择适合的传播渠道等等，这都给了他一个充电和学习的机会。

一直在暗中观察员工表现的老总暗暗点头。从此小刘工作更忙了，但是忙的却是一些更重要的事情了。比如会见公司的一些重要客户，参加一些谈判的场合，老总都会带上小刘一起去。终于有一天公司要准备上市了，需要把公司彻底包装成一家公众公司，拟一份招股说明书，集团董事会希望小刘能做好准备，协助管理层完成公司历史上质的飞跃。

小刘不负众望，漂亮地完成了自己的工作任务，顺理成章地成为那家上市公司董事会的秘书。后来，他又跃升至公司管理层高级管理人员，并且成为资本运营方面独当一面的大将。

每个公司都会出现一些无人负责的事情，这时就需要员工有一种主动精神，多做一些事情，做的事情越多，你的地位越重要，掌握的个人资源和工作资源也就越多，情形就对自己就越有利。

无论我们做什么，都是在为将来做准备，如果我们树立起自动自发的意识，用锻炼自己成长的积极心态来对待自己正在做的事情，就能把工作当成机会，把指派当成锻炼。

任何时候，我们都需要扪心自问：你是否主动自发，凡事积极主动呢？如果你的回答不是特别肯定的话？那么，你就必须改变自己的工作态度，让自己成为一个任何时候别人都离不开你的人。

 职场行走指南

【老板会加薪的几种人】

1. 小强型：干得多、吃得少，生存能力强，加班加不死；
2. 机器猫型：随时拿出新点子，帮老板解决实际问题；3. 超人型：以地球人的工资，安心干着外星人才能干的活儿；4. 孔明型：谈笑间，繁重工作灰飞烟灭。

你在
为谁工作
Who Are You Working For

第四章
为什么不从小事做起

　　很多人轻视小事，认为小事不值得做，因此为自己的工作留下了隐患。在小事上认真的人，做大事才会卓越。有位智者说："不关注小事或者不做小事的人，很难相信他会做出什么大事。做大事的成就感和自信心是由做小事的成就感积累起来的。"事实上，在工作中，没有任何一件事情，小到可以被抛弃；没有任何一个细节，细到应该被忽略。

从小事做起，才有机会做大事

作为一个普通人，在工作中大量的时间里，显然做的都是一些小事，饭店的服务员每天的工作就是对顾客微笑，回答顾客的提问，打扫房间，整理床单之类的小事；公司职员每天所做的可能就是接听电话，整理报表，绘制图纸之类的小事。但你千万不要小看这些小事，因为正是这些小事使你有了在这个岗位上工作的机会，换句话说，你所做的工作，正是由这一件件小事构成的。你做不好这些小事，或者不将这些小事做到位，怎能去做好"大事"，怎能期望别人给你更大的信任？

古语讲："不积跬步无以至千里，不积小流无以成江海。"在社会竞争日益激烈的今天，注重细节，在小事上下工夫，已经成为所有竞争者击败对手、掌握主动进而走向成功的法宝。

海尔集团总裁张瑞敏曾说过："把每一件简单的事做好就是不简单，把每一件平凡的事做好就是不平凡。"其实很多我们所熟知的成功者，他们与我们都做着同样简单的小事，唯一的区别就是，他们从不认为他们所做的事是简单的小事。

汤姆·布兰德刚开始只是美国福特汽车公司一个制造厂的杂工，就是"做好每一件小事"的意识使他获得了成长，并最终成为福特公司最年轻的总领班。在有着"汽车王国"之称的福特公司里，32岁就升到总领班的职位，显然不是一件容易的事。那么汤姆是怎样做到的呢？

第四章
为什么不从小事做起

汤姆 20 岁那年进入工厂，一开始，他就对工厂的生产情形做了一次全盘的了解。他知道一部汽车由零件到装配出厂，大约要经过 13 个部门的合作，而每一个部门的工作性质都不相同。他当时想：既然自己要在汽车制造这一行做一番事业，就必须对汽车的全部制造过程都能有深刻的了解。于是他主动要求从最基层的杂工做起。杂工不属于正式工人，也没有固定的工作场所，哪里有零活就要到哪里去。因为这项工作，汤姆才有机会和工厂的各部门接触，因此对各部门的工作性质有了初步的了解。

在当了一年多的杂工之后，汤姆申请调到汽车椅垫部工作。不久，他就把制椅垫的手艺学会了。后来他又申请调到点焊部、车身部、喷漆部、车床部等部门去工作。在不到五年的时间，他几乎把这个厂的各部门工作都做过了。最后他又决定申请到装配线上去工作。

汤姆的父亲对儿子的举动十分不解，他质问汤姆："你工作已经五年了，总是做些焊接、刷漆、制造零件的小事，恐怕会耽误前途吧？"

"爸爸，你不明白。"汤姆笑着说，"我并不急于当某一部门的小工头。我以能胜任领导整个工厂为工作目标，所以必须花点时间了解整个工作流程。我正在把现有的时间做最有价值的利用，我要学的，不仅仅是一个汽车椅垫如何做，而是整辆汽车是如何制造的。"

当汤姆确认自己已经具备管理者的素质时，他决定在装配线上崭露头角。汤姆在其他部门干过，懂得各种零件的制造情形，也能分辨零件的优劣，这为他的装配工作增加了不少便利。没有多久，他就成了装配线上最出色的人物。很快，他就晋升为领班，并逐步成为 15 位领班的总领班。

我们可以看到，汤姆在小事中所获得的成长是巨大的。

杂工不仅干的是小事而且也的确是个小工，他却可以从中对各部门的工作性质和工作环境进行深入的了解。做椅垫显然是一道很小的工序，他却可以将做椅垫的手艺透彻掌握。他利用在每一个部门埋头苦干做小事的机会，不仅给自己增添了许多很宝贵的工作经验，还对厂里各部门的现状有了更深入的认识。因此，他虽然一直是一位很普通的员工，但他的经验、他的见解，已超越了普通工人，也就是说，他已拥有领导全厂工人的能力和素质。

在工作中，没有任何一件事情，小到可以被抛弃；没有任何一个细节，细到应该被忽略。无论多么优秀的人才，在工作初期都有可能被派去做一些琐碎的小事。在这种情况下，请你一定要珍惜这些做小事的机会，不仅要去做，而且一定要做好。因为同样是做小事，不同的人往往会有不同的体会和成就。不屑于做小事的人做起小事来十分消极，不过只是在工作中混时间；而积极的人则会安心工作，把做小事作为锻炼自己、深入了解公司情况、加强公司业务知识、熟悉工作内容的机会，增强自己的判断能力和思考能力。

我们知道，年轻人最宝贵的资源就是时间，无论做再小的小事，都会减损自己最宝贵的时间资源。如果不充分利用时间来换取其他的资源——工作技能、经验等，而是敷衍了事，那最后的结果只能是白白地浪费了用在"小事"上的时间资源。何况任何事情就怕养成习惯。如果你懒得尽心去做小事，失去了从小事中成长的机会，而是养成了马虎懒散的工作习惯，那情形会更糟。即便有大事摆在你面前，你也无法胜任。要知道，大事皆由小事积累而成，忽略了小事就难成大事。从小事开始，逐渐锻炼意志，增长智慧，日后才能做大事。那些眼高手低者，是永远做不成大事的。

有一个朋友讲了自己的一个故事：他是知名大学毕业的研究生，以优异成绩应聘入一家省级机关。他胸中豪情万丈，一心只想鹏程万里。不料上班后才发现，每日无非是些琐碎事务，既不需太多智能，也看不出什么成果，心便渐渐地冷了下来。

一次单位开会，部门同仁彻夜准备文件，分配给他的工作是装订和封套。处长再三叮嘱："一定要做好准备工作，别到时弄得措手不及。"他听了更是不快，心想：初中生也会的事，还用得着这样嘱咐吗？所以他根本没理会。同事们忙忙碌碌，他也懒得帮忙，只在旁边看报纸。文件终于交到他手里。他开始一件件装订，没想到只订了十几份，订书机"喀"地一响，订书钉用完了。

他漫不经心地抽开装订书钉的纸盒，脑中"嗡"的一声——里面是空的。立刻发动所有人翻箱倒柜，不知怎的，平时满眼皆是的小东西，现在竟连一根都找不到。

那时已是深夜11点半，文件必须在次日8点大会召开之前发到代表手中。处长咆哮道："不是叫你做好准备的吗？连这点小事也做不好，研究生有什么用啊。"他低头无言以对，脸上却像挨了一掌。

几经周折，他在凌晨4点找到一家通宵服务的商务中心，终于赶在开会之前，将文件整齐漂亮地发到代表手中。

没人知道，他已是彻夜未眠。事后，他灰头土脸地等着训斥，没想到平时严厉得不近人情的处长，却只说了一句："记住，工作面前，人人平等。"

朋友说，那是他一生受用不尽的一句话，让他深刻地领悟到：用十分的准备迎接三分的工作并非浪费，而以三分的态度来面对十分的工作，将带来不可逆转的恶果。"因为，"他郑重地说，"千里马失足，往往不是在崇山峻岭，而是在柔软的青草地。"

在通往成功的路上，真正的障碍，有时只是一点点疏忽与轻视，比如，那一盒小小的订书钉。

不管你初入职场，还是你所做的工作一直都是一些不起眼的小事，你都应该认真对待它，这样才会使自己得到成长，才会使你在以后有机会做更大的事情。一个普通职员，如果希望有一天能得到升迁或者重用，首要条件便是做好工作中的每一件小事，把自己的本职工作做得有声有色，使业绩超过所有的人，然后才有希望被重用和获得做大事的机会。

从小事做起，才有机会做大事。在任何一份工作中，每一件事都值得我们去做，值得我们去研究。即使是再小的事，我们也不应该敷衍应付或轻视懈怠；相反，我们应该付出热情和努力，全力以赴、尽职尽责地做好它，并养成良好的习惯。

在今天这个社会，几乎所有年轻人都胸怀大志，满腔抱负，但是成功往往都是从点滴开始的，甚至是细小至微的地方。如果不遵守从小事做起的原则，必将一事无成。在这里，我们想忠告所有正在工作着的人：凡事勿急功近利；先要历练自己的心境，沉淀自己的情绪；从零做起，从小做起，从我做起。相信每个人都会有令自己满意的职业生涯。

 职场行走指南

【职业发展的四个幸运】

1. 第一份工作遇到了某一行业的标杆公司，建立了自己的专业框架；2. 遇到一个高水平的领导，让你尝试，同时还培养你；3. 遇到了一批拥有梦想的同事，每天都有新的想法并且为之行动；4. 工作外结识了一批志同道合的朋友，建立了高质量的人脉。

小事上认真，做大事才会卓越

希尔顿饭店的创始人，世界旅馆业之王希尔顿是一个非常注重"小事"的人。希尔顿要求他的员工："万万不可把我们心里的愁云摆在脸上！无论饭店本身遭到多大的困难，希尔顿饭店服务员脸上的微笑永远是顾客的阳光。"正是这小小的永远的微笑，让希尔顿饭店遍布世界各地。

小事成就大事，细节成就完美。在小事上认真的人，做大事才会卓越。有位智者说："不关注小事或者不做小事的人，很难相信他会做出什么大事。做大事的成就感和自信心是由做小事的成就感积累起来的。"可惜的是，许多人在生活中往往忽视了它，与那些能够改变其人生的小事情擦肩而过。

汉瑞从一家名牌大学毕业后，进入了一家跨国公司。他外表气宇轩昂，工作业务方面的技能也很优秀，更可贵的是他工作起来特别努力，所以很受老板的器重，认为他是一个可塑的人才，决定把他送到美国培训一年，回来后委以重任。

在出发的前一天，老板很偶然地发现汉瑞将掉在办公室地上的废纸踢向一边，而不是捡起来扔进垃圾筒内。这可是举手之劳啊！于是，老板便在这一天特别留意他的一举一动，发现他用完餐后，不但不擦桌子，还把餐具随便乱放，不摆放在指定地点，甚至还随地吐痰……

老板对他感到十分失望，这样一个连最基本的工作细节都不注重的员工，一个连最基本的为人素养都如此低劣的员工，怎么能成为一名优秀的管理者呢？又怎么能对企业高度负责呢？于是，老板临时改派另一名员工去培训，而他则留在了平凡的岗位上。后来，汉瑞被公司辞退了。

不要讨厌做小事情，也不要小看小事情。很多时候，小事不一定就小，大事不一定真大，关键在做事者的认知能力。那些一心想做大事的人，常常对小事嗤之以鼻，不屑一顾。其实，连小事情都做不好的人，做大事是很难成功的。细微之处见精神，有做小事的精神，就能产生做大事的气魄。生活中任何一件小事都能体现一个人的智慧和美德。而我们常说的细节，就是日常生活中的小事情。关注细节，就是留意身边的小事情。"勿以善小而不为，勿以恶小而为之。"工作中越是细小的东西，越能体现你对工作的认真、敬业程度，越能检验你对公司的忠诚和为人的品质。

美国一个伟大的黑人华盛顿·卜克在青年的时候，到一所大学校去，请求入学。会见他的是一位学校女职员，她见他的衣服褴褛，不肯收他。他独自坐在那里几个小时之久。那位女职员看见后感觉稀奇，便告诉他说学校里有一间屋子，需要人清洗、整理，问他是否愿意做这件事。卜克喜欢极了。他殷勤地洗濯地板，擦拭桌椅，把那间屋子清理得没有一点尘垢。过了一些时候，那位女职员来到这间屋子里，拿出白的手帕擦拭桌椅，白手帕上竟没有一点污秽，便允许卜克入校读书。卜克视这件事为他一生中的快事。那个女职员就是要借着这件微小的工作试验一下华盛顿·卜克的人品，看看他是否谦卑，是否殷勤，是否忠心于小事。如果他想"能否被收留还没有把握，谁甘心先做这种义务的苦工呢"，因此不肯打扫这间屋子，或是虽然打扫，却是草草了事，并不打扫得干干净净，试想那个女职员能否收留他呢？这个在小事上忠心的青年人后来果真成就了大事，兴办了黑人的教育事业，得到了人们的爱戴和尊敬。

许多白手起家而事业有成的人，在当小学徒或小职员的时代，就能以高度的热忱和耐心去对待工作中每一件小事。因此他们在教育子女时总是会不厌其烦地说："一个人要建功立业，需从一件件平平常常、实实在在的小事做起。那种视善小而不为，认为做小事属'小儿科'的眼高手低的人，那种长明灯前懒伸手、老弱病残不愿帮的'不拘小节'的人，很难有所成就。"

福特大学毕业后，去一家汽车公司应聘。和他同时应聘的三四个人都比他学历高，当前面几个人面试之后，他觉得自己没有什么希望了。但既来之，则安之。轮到他时，他敲门走进了董事长办公室，一进办公室，他发现门口地上有一张纸，弯腰捡了起来，发现是一张渍纸，便顺手把它扔进了废纸篓里。然后才走到董事长的办公桌前，说："我是来应聘的福特。"董事长说："很好，很好！福特先生，你已被我们录用了。"福特惊讶地说："董事长，我觉得前几位都比我好，你怎么把我录用了？"董事长说："福特先生，前面三位的确学历比你高，且仪表堂堂，但是他们眼睛只能看见'大事'，而看不见小事。你的眼睛能看见小事，我认为能看见小事的人，将来自然看到'大事'，一个只能看见'大事'的人，他会忽略很多小事。他是不会成功的。所以，我才录用你。"福特就这样进了这个公司。这个公司不久就扬名天下，使美国汽车产业在世界占据鳌头，这就是今天的"美国福特公司"。福特创造了一个汽车业的奇迹。

看见小事的人能看见大事，但只能看见大事的人，不一定能看见小事，这是很重要的教训。一个有志有为的年轻人，必须自觉地从身边的小事做起，因为在小事上认真的人，做大事才会卓越。

职场行走指南

【要想打动老板就要再快一点】

1. 孙正义面对创业者：请用 6 分钟说服我。马云做到了；

2.Google 董事长拉里·佩奇要求：60 字内说清工作内容；

3. 麦肯锡董事长要求：凡事浓缩在 123 内说完，没有人记得住 456；领导的时间争分夺秒，要得到认同，切记言简意赅，一击命中！

养成注重细节的好习惯

我们要想开创人生的新局面，实现人生的突破，就要学会关注细节，从小事做起。这样，才能够一步步向前迈进，一点一滴积累资本，并抓住瞬间的机会，实现突破，踏上成功之路。

鲁尔先生要雇一名勤杂工到他的办公室打杂，他最终挑选了一名男童。

"我想知道，"他的一位朋友不解地问，"你为什么选他？他既没有带介绍信，也没有人推荐。"

鲁尔说："你错了，他带了很多介绍信。他在门口时擦去了鞋上的泥，进门后随手关门，这说明他小心谨慎。进了办公室，他先脱去帽子，回答我的提问时干脆果断，证明他懂礼貌而且有教养。

其他所有的人直接坐到椅子上准备回答我的问题，而他却把我故意扔在椅子边的纸团拾起来，放在废纸篓里。他衣着整洁，头发干净。难道这些小节不是极好的介绍信吗？"

在一些公共环境中，人们对一个陌生人的了解，注意的往往就是他的小节。在互不熟悉的情况下，人们在不知不觉中就会先入为主地认为：一个小节常常反映出大问题。所以一个人在小节上的表现和修养，其实就是他身份的象征。

曼玲大学毕业了，很幸运地被一家中等规模的证券公司录用，十分兴奋，准备大干一番。然而，踏上工作岗位后才发现，对于新人，公司安排的实际工作并不多，倒是往往有很多杂七杂八的事情，像发报纸、复印、传真、文件整理等等。

同来的新人们觉得要他们大学生做杂活，未免有些丢脸，又觉得不受重视，不免满腹牢骚，便经常找借口推脱。曼玲心里也觉得有些委屈，回家就和母亲说起了自己内心的苦闷，身为职业女性的母亲笑了笑，说："小事不做，焉能做大事。须知，由细微处方见真品性。"

于是曼玲不再和大家一起发牢骚，见到别人不愿意做的琐事，她便接过来做，一下子就忙碌了起来，有时甚至要加班加点。其他新人有些笑她傻，说有时间多休息休息不好吗？还有些人说她爱表现，说不用这么拼命吧。不管别人怎么说，曼玲总是笑而不语。

其实，曼玲一点一滴的工作，部门主管都看在眼里，便开始逐渐选择一些专业的工作给她。公司的老员工也喜欢这个手脚麻利、不挑三拣四的"傻女孩"，平时也颇乐意将自己多年的工作心得传授给她，并将公司里人际关系上的微妙之处向曼玲点拨。逐渐地，曼玲在工作上越来越顺手，在人际交往的分寸上也把握得越来越好。

有了这么好的群众基础，又有了那么好的工作成绩，在讨论新人转正的问题时，曼玲自然成了第一批转正的新人，并且被安排到了她最向往的岗位，成功地踏出了职业生涯的第一步！

不要忽视小节，这在现代职场上已被奉为金玉良言。

在你过去的工作中，有没有认认真真地做好过每一件小事？要知道，一个微小的细节也许就改变你一生的命运。具体来说，工作中的细节主要体现在以下几个方面：

保持办公桌的整洁。如果你的办公桌上堆满了信件、报告、备忘录之类的东西，就很容易使人有混乱感。更糟的是，零乱的办公桌无形中会加重你的工作任务，冲淡你的工作热情，使你很难很快投入工作。一位成功学家说："一个书桌上堆满了文件的人，若能把他的桌子清理一下，留下手边待处理的一些工作，就会发现他的工作更容易些。这是提高工作效率和办公室工作质量的第一步。"因此，要想高效率地完成工作任务，首先就必须保持办公环境的整洁有序。

不要经常缺勤。缺勤在很多员工看来是一件小事，但是，这件事情完全关系到你个人和公司的利益。因为在公司的老板看来，出勤率高的员工无疑对公司更加负责。你应该尽一切努力来保证出勤，因为缺勤会使你无形中损失很多。

不把请假看成一件小事。请假无疑会影响你的工作进度，即使你认为工作效率较高，认为耽误一两天也不会影响工作进度，那也不能轻易请假。因为你身处的是一个合作的环境，你的缺席很可能会给其他同事造成不便，影响其他人的工作进度。所以不要将请假当成一件小事，或者只是你一个人的事。

不闲聊，不干私活。就员工个人而言，利用上班时间处理个人私事或闲聊，会分散注意力，降低工作效率，进而影响工作进度，造成任务逾期不能完成。所以把办公时间全部用在工作任务上，是必要的，也是必需的。

下班后不要立即回去。下班后要静下心来，将一天的工作做个简单总结，制定出第二天的工作计划，并准备好相关的工作资料。这样有利于第二天高效率地开展工作，使工作按期或提前完成。离开办公室时，不要忘了关灯、关窗，检查一下有无遗漏的东西。

世界上许多伟大的事业都是由点点滴滴的细节汇集而成的。在细节上能够表现好的人，他在成功之路上一定会少许多漏洞。同样，工作中很多细节会影响到我们的事业和前途。如果你想有所成就，取得更大的成功的话，就不要忽视这些细节，以免因小失大，给你的人生和事业带来重大的损失。

 职场行走指南

【成功源自细节】

1. 知道自己想要什么；2. 成为本专业的专家；3. 谦虚而风趣；4. 尽力帮忙别人；5. 一定记住别人的名字；6. 坦诚说真心话；7. 永远不要玩消失；8. 绝不一个人吃饭；9. 了解对方的兴趣并有所准备；10. 充分尊重每个人；11. 交成功的朋友并时而小联系；12. 经济交往一定是互利的。

小事不小

在现实工作中，有很多人对"小事"理解不深，认识不透，有的人甚至错误地认为只要在大事上不马虎，小事做好做坏都无关紧要。殊不知，正是那些没做好的小事，将自己的努力化为乌有。比如顶撞一位顾客、怠慢一个用户、板了一个面孔、说了一句风凉话、收错一笔费用、造成一个误会、缺少一个笑容等等看起来微不足道的小事，在表面看来可能不会对你有多大的影响，但实际上已经给你的事业造成了巨大的危险。

许多事例告诉我们，大局的改变，往往是由每次一点点的小变化所决定的。今天你失去的可能只是用户的一次信任，或者是一个普通的用户离你而去。可是，这小小的变化，带来的影响却是深远的，当它达到一定量的时候，产生的冲击则是惊人的，一个用户的离去，可以演变成一群或一大片用户的离去。特别是我们已经为工作做出了许多努力、付出了许多汗水，到头来却因为自己对一些小事把握不好，从而使自己数十次热情贴心的服务所取得的信任付诸东流！

一次，国内一位旅客乘坐某航空公司的航班由济南飞往北京，连要两杯水后又请求再来一杯，还歉意地说实在口渴，服务小姐的回答让她大失所望："我们飞的是短途，储备的水不足，剩下的还要留着飞上海用呢！"在遭遇了这一"细节"之后，那位女士决定今后不再乘坐这家公司的飞机。

每一条跑道上都挤满了参赛选手，每一个行业都挤满了竞争对手。如果你任何一件小事做得不好，都有可能把顾客推到竞争对手的怀抱中。可见，任何对小事的忽视，都会影响企业的效益。

日本东京一家贸易公司有一位专门负责为客商购买车票的小姐，经常给德国一家大公司的商务经理购买来往于东京、大阪之间的火车票。

不久，这位经理发现一件趣事，每次去大阪时，座位总在右窗口，返回东京时又总在左窗边。

有一次，经理询问小姐其中的缘故。小姐笑着答道："车去大阪时，富士山在您右边；返回东京时，富士山已到了您的左边。我想外国人都喜欢富士山的壮丽景色，所以我替您买了不同的车票。"

就是这么一件不起眼的小事使这位德国经理十分感动，促使他把对这家日本公司的贸易额由400万欧元提高到1200万欧元。他认为，在这样一件微不足道的小事上，这家公司的职员都能够想得这么周到，那么，跟他们做生意还有什么不放心的呢？

事实上，随着现在企业规模的不断扩大，员工的数量也日益增多，彼此之间的分工越来越细，其中能够决定大事要事的高层管理者毕竟是少数，绝大多数员工从事的还是简单的、琐碎的、不起眼的小事。但卓越的员工却能在这一份份平凡的工作和一件件不起眼的小事中，通过注重在细节上下工夫，为自己和公司不断创造价值。

一个阴云密布的午后，由于瞬间的倾盆大雨，行人们纷纷进入就近的店铺躲雨。一位老妇也蹒跚地走进费城百货商店避雨。面对她略显狼狈的姿容和简朴的装束，所有的售货员都对她心不在焉，视而不见。

这时，一个年轻人诚恳地走过来对她说："夫人，我能为您做点什么吗?"老妇人莞尔一笑:"不用了,我在这儿躲会儿雨,马上就走。"老妇人随即又心神不定了,不买人家的东西,却借用人家的屋檐躲雨,似乎不近情理。于是,她开始在百货店里转起来,哪怕买个头发上的小饰物呢,也算给自己的躲雨找个心安理得的理由。

正当她犹豫徘徊时,那个小伙子又走过来说:"夫人,您不必为难,我给您搬了一把椅子,放在门口,您坐着休息就是了。"两个小时后,雨过天晴,老妇人向那个年轻人道谢,并向他要了张名片,就颤巍巍地走出了商店。

几个月后,费城百货公司的总经理詹姆斯收到一封信,信中要求将这位年轻人派往苏格兰收取一份装潢整个城堡的订单,并让他承包自己家族所属的几个大公司下一季度办公用品的采购订单。詹姆斯惊喜不已,匆匆一算,这一封信所带来的利益,相当于他们公司两年的利润总和!

他在迅速与写信人取得联系后,方才知道,这封信出自一位老妇人之手,而这位老妇人正是美国亿万富翁"钢铁大王"卡内基的母亲。

詹姆斯马上把这位叫菲利的年轻人推荐到公司董事会上。毫无疑问,当菲利打起行装飞往苏格兰时,他已经成为这家百货公司的合伙人了。那年,菲利22岁。

随后的几年中,菲利以他一贯的忠实和诚恳,成为"钢铁大王"卡内基的左膀右臂,事业扶摇直上、飞黄腾达,成为美国钢铁行业仅次于卡内基的富可敌国的重量级人物。

"泰山不嫌土壤,故能成其大;江海不择细流,故能就其深。"注重细节应是一名员工必备的素养,它体现出一个人的工作态度、行为方式、做人理念。那些常忽略细节的人,小事在他们看来就是小事,微不足道,根本不值得去干,因此成功总离他们很远。而那些关注细节的人，小事在他们眼里从来不是小事，他们认真对待发生在身边的每一件小事，将小事做细，并在细节中寻找机会，从而使自己走向成功之路。

职场行走指南

【十一招赢取上司最佳印象】

1.早到；2.不要过于固执；3.苦中求乐；4.立刻动手；5.谨言；6.听从上司的临时指派；7.荣耀归于上司；8.保持冷静；9.别存太多的希望；10.敢于做出果断决定；11.广收资讯。

小事不是小人物的事

在很多人眼里，大人物总是和大事件联系在一起，小事情则是小人物做的事。其实，无论是大人物还是小人物，他们的大部分时间都是在做一些很平凡、很简单的小事情。不同的是，小人物总是盲目地以为"天将降大任于斯人也"，从不认真对待身边的每一件小事，而大人物从来不将小事当成小事，相信"有事情发生就是有机会来临"。

美国前国务卿鲍威尔是美国威望很高的将领和领导人，他把"注重小事"当成自己的人生信条；世界唯一一位依靠股市成为亿万富翁的沃伦·巴菲特认为一个人要取得成功必须做好工作中的每一件小事；丽思卡尔顿饭店的创始人丽思说："把每一件简单的事做好就是不简单，把每一件平凡的事做好就是不平凡。"

然而，在我们的现实生活中，过于功利化的倾向越来越让人们变得浮躁起来，总是将自己的眼睛盯在一些大的目标上，对自己工作中的小事视而不见。殊不知，这正是影响一个人事业前途的关键所在。将小事做好既是一种认真的工作态度，也是一种科学的工作精神。一个连小事都做不好的人，很难想像他会有什么大的成就。

美国石油大王洛克菲勒刚参加工作时，因学历不高，又没有特别的技术，他在公司做的工作连小孩都能胜任——巡视并确认石油罐盖有没有自动焊接好。

在工作中，洛克菲勒发现罐子旋转一次，焊接剂滴落三十九滴，焊接工作便结束。这显然是一件很平常的小事，所有参与过这项工作的人都知道，但没人把这个工作中的小细节当回事。洛克菲勒却不愿放过这个细节，他不断向技术人员询问有关技术参数，寻找改良焊接技术的办法。当时公司很多人暗地笑他傻，"算了，让他折腾吧，这种小事也只有他这样的小工才会去想。"他们说。

经过一番研究，洛克菲勒终于研制出"三十七滴型"焊接机。

但是，利用这种机器焊接出来的石油罐偶尔会漏油，并不实用。但他不灰心，又研制出了"三十八滴型"焊接机。这次研制非常完美，公司对他评价很高，不久便开始生产这种机器。

洛克菲勒的"三十八滴型"焊接机在公司全方位使用后，虽然每次焊接只节省了一滴焊接剂，一年下来却给公司带来了 5 亿美元的新利润。

"改良焊接剂"直接改变了洛克菲勒的人生。他成功的关键在于：普通人工作时往往会忽略的平凡小事，而他却特别注意。

有一个朋友，新到一家民营企业上班，本来招聘时，和人力资源部、老板都谈好了，做销售总监，负责全盘的销售。可是上班以后，老板却安排他暂时做总监助理，每天负责搜集报表、通知会议等杂事，而总监由老板暂时代理。于是他就配合着老板，做助理的工作，连续做了三个月。直到三个月以后，老板才让他坐上了总监的位置上。在这三个月期间，他在总监助理的位置上每天处理的都是一些杂事、小事，但他并未将这些当成杂事、小事，他知道小事并不是小人物的事，因此他最终得到了老板的信任。

在很多企业中，把高能力的人低标准使用，看他实际的表现能力，然后再给以相应的职位，这是很通常的举动。蒙牛的老板牛根生，当年就是从伊利的刷瓶子工人做起的。他没将打杂这种小事当成小人物的事，每一件事都做得很认真，因此他成功创建了蒙牛。

美国标准石油公司曾经有一位小职员叫阿基勃特。他在出差住旅馆的时候，总是在自己签名的下方，写上"每桶4美元的标准石油"字样，在书信及收据上也不例外，签了名，就一定写上那几个字。他因此被同事叫做"每桶4美元"，而他的真名倒没有人叫了。

公司董事长洛克菲勒知道这件事后说："竟有职员如此努力宣扬公司的声誉，我要见见他。"于是邀请阿基勃特共进晚餐。

后来，洛克菲勒卸任，阿基勃特成了第二任董事长。在签名的时候署上"每桶4美元的标准石油"，这算不算小事？

严格说来，这件小事还不在阿基勃特的工作范围之内。但阿基勃特做了，并坚持把这件小事做到了极致。那些嘲笑他的人中，肯定有不少人才华、能力在他之上，可是最后，只有他成了董事长。

还有一些人因为事小而不愿去做，或抱有一种轻视的态度。有这么一个故事，据说，在开学第一天，苏格拉底对他的学生们说："今天咱们只做一件事，每个人尽量把胳臂往前甩，然后再往后甩。"说着，他做了一遍示范。

"从今天开始，每天做300下，大家能做到吗？"学生们都笑了，这么简单的事，谁做不到？可是一年之后，苏格拉底再问的时候，全班却只有一个学生坚持下来。这个人就是后来的大哲学家柏拉图。

会做事的人把小事做成大事；不会做事的人把大事做成小事乃至化为乌有。真要把小事做成大事并不那么容易，因为任何大事都是具体操作和长远眼光完美结合的产物。英语中有句格言叫："Think big, do small"。意思是"心中想大事，手里做小事"，形象地说明了小事和大事的辩证关系。会做事的人，必须具备以下三个做事特点：一是愿意从小事做起，知道做小事是成大事的必经之路；二是胸中要有目标，知道把所做的小事积累起来最终的结果是什么；三是要有一种精神，能够为了将来的目标自始至终把小事做好。

然而现在有很多人，心中倒是整天想着大事，但对工作中的小事却从来提不起兴趣，甚至将整天埋头于小事之中，当成一种很丢脸面的事。殊不知，正是这样的想法让他们日复一日、年复一年在实现自己人生大目标的路上停滞不前。对于有这种倾向的人，我们有三点建议：

（1）重视工作中的小事。世事皆无小事，事事都是工作，只要是对工作有利的事，无论多小，或者多么微不足道，都值得我们重视。

（2）工作之中无小事。密切关注自己的工作流程，不要放过任何一个可以改良和补救工作结果的小细节。

（3）小事不是小人物的事。差距往往从细节开始，造成不同结果的，通常是那些很容易被忽略的小事。

 职场行走指南

【五句话让你在职场更成熟】

1."我马上处理"表现出上司传唤时责无旁贷；2."某某的主意真不错"，表现出团队精神；3."这个报告没有你不行啦"，说服同事帮忙；4."让我再认真地想一想好吗"，巧妙回避不想立刻回答的事；5."我很想知道你对某件事的看法"，这是恰如其分的讨好。

小事之中潜藏机会

生活中，我们常听见有人埋怨自己缺少成功的机会，却很少听见有人埋怨自己无事可做。有位哲人曾经说过："有事情发生，便有机会存在。"每一件事情的发生都潜藏着机会，只是失败者孤注一掷于每一件大事，成功者却不轻易放过每一件小事。事实上，要想比别人更优秀，更能抓住机会，从每一件小事上下工夫才最聪明。

日本狮王公司的员工加藤信三就是一个活生生的例子。

有一次，加藤信三为了赶去上班，刷牙时急急忙忙，没想到牙龈出血。他为此大为恼火，上班的路上仍是非常气愤。快到公司时，他突然想到：是不是这种事情在别人身上也发生过？这和牙刷本身是不是有某种关系？想到这里，他对自己说："这种事情一定可以得到解决，而且这里面一定存在着商机。他到公司后向几个同事提及此事，大家都有同感，于是便相约一同解决刷牙容易伤及牙龈的问题。

他们想了不少解决刷牙造成牙龈出血的办法，如把牙刷毛改为柔软的狸毛；刷牙前先用热水把牙刷泡软；多用些牙膏；放慢刷牙速度等等，但效果均不太理想，后来他们进一步仔细检查牙刷毛，在放大镜底下，发现刷毛顶端并不是尖的，而是四方的。加藤想：把它改成圆的不就行了！于是他们着手改进牙刷。

经过实验取得成效后，加藤正式向公司提出了改变牙刷毛形状的建议，公司领导看后，也觉得这是一个特别好的建议，欣然把全部牙刷毛的顶端改成了圆形。改进后的狮王牌牙刷销售直线上升，占到了全国同类产品的40%左右，加藤也由普通职员晋升为科长，十几年后，他便成为公司的董事长。

牙刷不好用，在我们看来无疑是一件司空见惯的小事，所以很少有人想办法去解决这个问题，机遇也就从身边溜走了。而加藤信三则不然，他不仅没有忽视这种小事，而且从这件小事中找到了机会，从而使自己和所在的公司都取得了成功。

看不见小事，或者不把小事当事的人，无疑是一个工作不细心的人，这样的人，即便机会摆在他面前，他也会让其从指尖悄然溜走。

小胡和小张同时应聘进了一家中外合资公司。这家公司待遇优厚，个人的发展空间也很大。他们俩都很珍惜这份工作，拼命努力以确保顺利通过试用期，因为公司规定的淘汰比例是2：1，也就是说，他们俩必须有一个会在三个月后被淘汰出局。

小胡和小张都咬着牙卖劲地工作，上班从来不迟到，下班后还要经常加班，有时候还帮着后勤人员打扫卫生、分发报纸……部门经理是一个和蔼可亲的人，他经常去两个人的单身宿舍和他们交流、沟通，这使他们受宠若惊。所以两人特别注意个人卫生，都把各自的宿舍整理得干干净净。

三个月后，小胡被留了下来，小张悄无声息地走了。

半年后，小胡被提升为部门主管，和经理的关系也亲近了起来，便问经理当初他和小张表现几乎一样，为什么留下来的是他而不是小张。经理说："当时从你们中选拔一个是很难，工作上不分高低，同事关系也很融洽，能力也都不弱，而且都非常有上进心。所以我就常去你们宿舍串门，想更多地了解你们。结果我发现了一现象，凡是你们不在的时候，小张的宿舍仍然亮着灯，开着电脑。而你的宿舍只要人不在，灯便熄着，电脑也关着，所以我们最后确定了你。"

不要忽视任何一个细节，一个墨点足可将一整张白纸玷污，一件小事足可招人厌恶。在现代激烈的职场竞争中，细节常会显出奇特的魅力，它不仅可以提升你的人格，增加你的工作绩效指数，还可博得上司的青睐，获得更好的机会。

其实，小事本身就潜藏着很好的机会。如果你能从中敏锐地发现别人没有注意到的空白领域或者细小环节，以其为突破口，机会自然会掌握在你的手中。

在某跨国公司的杭州分公司，有一支很优秀的销售队伍，他们的团队成员每天讨论的是如何把商店的陈列达到最佳，竞争对手最近有什么动态，如何去阻击其他产品的竞争等等。

当集团公司的市场和销售总监来做市场检查的时候，不是穿着西装对销售人员进行指手画脚，而是和业务员一起动手整理货物，帮助他们做一些很细小的事情。

该公司的巧克力市场一直稳居市场占有率第一位，但这并非因为该公司跨国企业的背景或者广告做得好，更不是他们有什么特别诱人的促销方案或者总是请大明星来捧场。

这家公司成功的一个重要原因是因为它有着一群对每个销售环节都抠得很细的销售人员，他们对竞争对手的打击从来都是从每一个细节开始的。他们对细节的关注和对小事的拿捏使他们在同行业内极具魅力，因此在订货会上，他们拿到的业绩总是其他公司的 4 到 5 倍！

以某一次秋季订货会为例，他们一年前就在全国选择一个城市作为试点，全程摄像，并且对这个试验性会议做了很多仔细的研究，市场推广部也在这些研究的基础上制定了详细的"订货会操作流程手册"。在订货会之前，会议的组织者又一起去将要开会的城市进行观摩，一起参加会场的布置，会议的安排，事先预演，然后和经销商一起在工作流程、会场布置、人员安排、客户邀约等可能出现问题的方面进行讨论并制定解决方案。

如此，他们将一个订货会的基本框架搭建完毕，在已经确保万无一失的情况下，接着开展订货会中的工作，哪怕再琐碎的小事，他们也会因准备充分而应付自如。

就是这些完善的准备工作，就是这些小事的积累，让这家公司赢得了经销商的心，赢得了整个巧克力市场。成大业若烹小鲜，做大事必重细节。平庸企业和杰出企业的差距就体现在这些小事上，这些看似不起眼的小事，一旦发挥效力，既可成为我们通向杰出的良机，也可成为我们走向平庸的滑梯。

 职场行走指南

【 如何让别人在工作中喜欢你 】

1.出门照照镜子，给自己一个自信的微笑；2.善于发现别人优点；3.赞美；4.主动、付出，别陪着人冷场；5.接受别人递过来的礼物；6.多请人帮你小忙；7.用心倾听，不打断对方的话；8.说话有力，能感受到自己声音的感染力；9.说话之前，先考虑对方感觉。

小事决定成败

人与人之间的差别，往往体现在一些细小的事情上，并且正是因为这些细小的事情，决定了不同的人具有不同的命运。

1961 年 4 月 12 日，宇航员加加林乘坐 4.75 吨重的"东方 1 号"航天飞船进入太空遨游，成为世界上第一位进入太空的宇航员。他为什么能够从 20 多名宇航员中脱颖而出？

原来，在确定人选前一个星期，航天飞船的主设计师罗廖夫发现，在进入飞船前，只有加加林一个人脱下鞋子，只穿袜子进入座舱。

就是这个细小的举动一下子赢得了罗廖夫的好感，他感到这个 27 岁的青年既懂规矩，又如此珍爱他为之倾注心血的飞船，于是决定让加加林执行人类首次太空飞行的神圣使命。

加加林通过一件不经意的小事，表现了他珍爱他人劳动成果的修养和素质，也使他成为遨游太空的第一人。

因小事而决定的事情，看似偶然，实则充满了必然。下面同样是一个关于航天的故事，读起来却让人感到沉重。

2003 年 2 月 1 日，美国"哥伦比亚号"航天飞机返回地面途中，着陆前意外发生爆炸，飞机上的 7 名宇航员全部遇难，全世界为之震惊。

美国宇航局负责航天飞机计划的官员罗恩·迪特莫尔被迫辞职。此前，他在美国宇航局工作了 26 年，并已担任 4 年的航天飞机计划主管。

事后的调查结果表明，造成这一灾难的凶手竟是一块脱落的隔热瓦。

"哥伦比亚号"表面覆盖着 2 万余块隔热瓦，能抵御 3000 摄氏度的高温，以免航天飞机返回大气层时外壳被高温所熔化。

1 月 16 日"哥伦比亚号"升空 80 秒后，一块从燃料箱上脱落的碎片击中了飞机左翼前部的隔热系统。宇航局的高速照相机记录了这一过程。

应该说，航天飞机的整体性能等很多技术都是一流的，但就因为一小块脱落的隔热瓦就毁灭了价值连城的航天飞机，还有无法用价值衡量的 7 条宝贵的生命。

人类的历史，充满了因为忽视细节或马虎而造成的悲剧。在西方有一个广为流传的故事：

英国国王查理三世准备与敌人决一死战，这场战斗将决定谁统治英国。战斗打响之前，查理派马夫装备自己最喜欢的战马。马夫发现马掌没有了，于是他对铁匠说："快点给它钉掌，国王希望骑着它打头阵。"

"你得等一等，"铁匠回答，"前几天，因给所有的战马钉掌，铁片已经用完了。"

"我等不及了。"马夫着急地说。

铁匠埋头干活，从一根铁条上弄下可做四个马掌的材料，把它们砸平、整形，固定在马蹄上，然后开始钉钉子。钉了三个马掌后，他发现没有钉子来钉第四个马掌了。

"我缺几个钉子，"他说，"需要点儿时间砸两个。""我告诉过你我等不及了。"马夫不耐烦地叫道。

"没有足够的钉子，我也能把马掌钉上，但是不能像其他几个那么牢固。"

"能不能挂住？"马夫问。"应该能，"铁匠回答，"但我没有把握。"

"好吧，就这样。"马夫叫道，"快点，要不然国王会怪罪我的。"

铁匠凑合着把马掌挂上了。

很快，两军交战了。查理国王冲锋陷阵，鞭策士兵迎战敌军。突然，一只马掌掉了，战马跌倒在地，查理也被掀翻在地上。受惊的马跳起来逃走了，国王的士兵也纷纷转身撤退，敌人的军队包围了上来。

查理在空中挥舞宝剑，大喊道："马！一匹马，我的国家倾覆就因为这一匹马。"

于是，从那时起人们就传唱着这样一首歌谣："少了一个铁钉，丢了一只马掌。少了一只马掌，丢了一匹战马。少了一匹战马，败了一场战役。败了一场战役，失了一个国家。"

一个国家的存亡竟由一颗小小的钉子决定，这是一个深刻而耐人寻味的教训。这样的教训在现实生活中比比皆是：

19 世纪 50 年代，旧金山的一位商人给一个萨克拉门托的商人发电报报价："10 万吨大麦，单价 1 美元。价格高不高？买不买？"

萨克拉门托的那个商人原意是要说："不。太高。"可是电报里却漏了一个句号，结果成了"不太高。"这个小小的失误一下子就使他损失了 10 万美元。

一个皮货商要订购一批羊皮，在合同中写道："每张大于 4 平方尺、有疤痕的不要。"其中的顿号本应是句号，结果供货商钻空子，发来的羊皮都是小于 4 平方尺的，使皮货订购商哑巴吃黄连，有苦说不出，损失惨重……

小事决定成败，虽然不是说任何一件小事都可决定成败，但如果你忽略它，它便会成为你失败的最大祸根。如果你不幸养成了忽视细节或不注重小事的坏习惯，那么发生在你身边的小事绝对可以决定你一时甚至是一生的成败。

 职场行走指南

【职场小事】

1.有人在你面前说某人坏话时，你只微笑；2.不要把过去的事全让人知道；3.说话的时候记得常用"我们"开头；4.话多必失，人多的场合少说话；5.不要期望所有人都喜欢你；6.尊敬不喜欢你的人；7.与人握手时，可多握一会儿；8.气质是关键。如果时尚学不好，宁愿纯朴。

你在
为谁工作
Who Are You Working For

第五章
你将优秀藏在了哪里

　　工作是我们施展自己才能的舞台。我们寒窗苦读来的知识，我们的应变力，我们的决断力，我们的适应力以及我们的协调能力都将在这样一个舞台上得以展示。然而我们在这个舞台上的表现，有时却并不如自己想象中那么优秀，我们将它藏在了哪里？

工作中要有追求优秀的信念

你或许并不喜欢目前所从事的工作，也无法从工作中得到丝毫的乐趣，甚至觉得自己毫无优秀可言。

"我的生活怎么会变成这样？"你对自己感到无奈。但你要知道，这并不是你公司老板或者单位领导的错。

老板没有逼着你来他的公司上班，领导也没有强迫你在他的管理下工作。当初，是你主动应聘到了这家公司；或者，是你最终选择了这家单位。

你的历史，完全由你自己写就。你要是觉得老板待你很刻薄，领导压根儿就没把你当人才看，你在这里毫无作为可言。那么，你就炒他们的鱿鱼好啦！你要是不想炒他们的鱿鱼，还想在这里继续工作下去，那就说明他们可能还是给了你一些自我发展的空间，这时，需要做出改变的，只能是你自己。

改变自己的做法虽有很多，但最直接和最有效的便是：做到优秀，首先要有追求优秀的信念。

优秀是一种标准，但更是一种信念。无法想像一个没有追求优秀的信念的人在工作中可以表现得优秀，更无法想像一个企业老板或单位领导不给优秀的员工更多优待和更好的发展空间。

试想，如果你是公司老板，员工偷懒懈怠表现平平，你会给他多大发展空间？如果你是单位领导，手下的人工作不踏实又没有激情，你会让他担多少重任？

一个人的工作态度折射着人生态度，而人生态度决定一个人一生的成就。你的工作，就是你生命的投影。它的美与丑、可爱与可憎，全操纵于你之手。

许多年前，一个年轻人来到一家著名的酒店当服务员。这是他涉世之初的第一份工作，他将在这里正式步入社会，迈出他人生关键的第一步。

谁知在新人受训期间，上司竟然安排他洗马桶，而且工作质量要求高得骇人：必须把马桶抹得光洁如新！实话说，洗马桶使他难以承受。当他拿着抹布伸向马桶时，胃里立马"造反"，恶心得想呕吐却又呕吐不出来，令他每天战战兢兢如临深渊。

为此，他心灰意冷，他面临着人生第一步应该怎样走下去的选择：是继续干下去，还是另谋职业？正在此关键时刻，同单位一位前辈及时地出现在他的面前。她并没用空洞理论去说教，而是亲自洗马桶给他看了一遍。首先，她一遍遍地抹洗着马桶，直到抹洗得光洁如新；然后，她从马桶里盛了一杯水，一饮而尽！丝毫没有勉强。

同时，她送给他一束鼓励的目光。他目瞪口呆，如梦初醒！他觉得自己的工作态度出了问题，于是痛下决心："就算一辈子洗马桶，也要做一名最优秀的洗马桶的人！"

从此，他脱胎换骨成为一个全新的人；从此，他的工作质量也达到了无可挑剔的高水准：为了检验自己的自信心，为了证实自己的工作质量，也为了强化自己的敬业心，他也多次喝过厕水；从此，他很漂亮地迈好了人生的第一步；从此，他踏上了成功之旅，开始了他不断走向成功的人生之旅。

光阴荏苒，几十年后，他成为世界旅馆业大王，他的事业遍布全球，他的一切成就都得益于他永不停顿、永不满足的创造与卓越的行动。他就是康拉德·N·希尔顿，他建立了享誉全球的希尔顿酒店帝国。

前纽约中央铁路公司总裁佛里德利·威尔森在被问及如何对待工作和事业时说："一个人，不论是在挖土，或者是在经营大公司，他都认为自己的工作是一项神圣的使命。不论工作条件有多么困难，或需要多么艰难的训练，始终用积极负责的态度去进行。只要抱着这种态度，任何人都会成功，也一定能达到目的，实现目标。"

每一份工作，每一份工作中的事，你都拥有追求和达到优秀的机会，只是你必须付出自己的全部努力。任何一个工作岗位都可以成就完美。追求完美与卓越是每一个希望优秀的员工必备的素质。任何一个人，如果没有追求优秀的信念，便不可能拥有真正的成就。

拳击史上赫赫有名的拳王阿里从登上拳坛那天起，在心里就有一个坚定的信念，一定要做一个世界上最优秀的拳手。为此，阿里每天苦练八九个小时以上，并不断参加各种各样的比赛以磨炼自己，就这样，他最后成为杰出的拳王。

达·芬奇也对自己提出了向完美进军的目标，他在绘画方面对自己的要求达到了苛刻的地步。为了画好《蒙娜丽莎》，他曾经观察了上千万次不同的人在各种情况下的笑容，并且在动笔作画之前打了上千张草稿。一次，在涂掉一张很好的试画作品后，有人不解地问他："为什么这么好的画作却要将它涂掉？"达·芬奇回答说："一张没有达到完美的画作是我所不能够忍受的。"他希望自己的画作能够达到一个新的完美高度。在这种心态的指引下，他终于做到了，达到了一个极其惊人的状态。达·芬奇的画作，尤其是他的《蒙娜丽莎》至今无人能够超越。

拿破仑，一个举世公认的军事天才和伟大政治家，在他开始自己的政治生涯之时，他便立下宏大的心愿，一定要将自己的事业做到完美，要做一个在历史上永远闪光的人，正如他给士兵们所说的一样，"不想做将军的士兵不是好士兵"。每一个人，不管他的地位、现状如何，都应该拥有一颗追求完美和卓越的雄心，如果连这一点都做不到，那么想要有所成就是不可能的。

作为一名公司员工，你不可能一开始便拥有显赫的地位和雄厚的资源，但是这有什么关系呢？任何一个工作岗位都可以使你成就完美，任何一件事情都可以让你拥有追求和达到优秀的机会。有了这种心态，你才会有信念将公司与团队的工作放到最高的目标上去做，才有可能使自己在这个公司和团队中更加优秀。

很多成功的员工在论及自己成就的时候，提到最多的一点首先是在面对任务时，要拥有将任务做到最好的信念。信念的魔力是无穷的。这种追求优秀的信念对员工个人有着多方面的影响：它将激励你拥有巨大的勇气去面对工作中的困难与艰辛；它将提供给你勇气去面对各种各样的挫折和失败。另外，它最终还会使你成为一个非常优秀的人。

 职场行走指南

【何谓亮剑精神？】

1.别告诉我你很牛，打不了胜仗，你啥都不是。2.输就是输，没理由再打！3.小米加步枪也无妨，去抢！4.没路了？趟出来，能活一个是一个！5.深挖洞，广积粮，不然我们吃什么！6.要不就给我猛打，要不就投降！

追求卓越，先点燃激情之火

在所有伟大成就的取得过程中，激情是最具有活力的因素。改变人类生活的每一项创造性发明、每一幅精美的书画、每一尊震撼人心的雕塑、每一首伟大的诗篇，无不是激情之人创造出来的奇迹。激情是对所热爱的工作产生出的火一般的热情。最好的劳动成果总是由头脑聪明并具有工作激情的人完成的。

激情是不断鞭策和激励我们向前奋进的动力，对工作充满高度的激情，可以使我们不畏惧现实中所遇到的重重困难和阻碍。可以这么说，激情是工作的灵魂，甚至就是工作本身。当你满怀激情地工作，并努力使自己的老板和顾客满意时，你所获得的利益会增加。可工作中最巨大的奖励还不是来自财富的积累和地位的提升，而是由激情带来的精神上的满足。

在一个公司团队中，如何获得同事与主管的信任和尊敬？如何做到对公司团队有真正的贡献和益处？只有一个答案，就是要有追求卓越与完美的激情。现代公司中的竞争越来越激烈，公司之间的竞争也同样如此。因此要想你所在的公司获得最好的市场价值，要想作为员工的你能够在团队中脱颖而出，不做到完美的境界是很难得到这一切的。主管真正欣赏的是能够将任务做到极致的员工。同事之间，真正能够比较的只有谁的工作业绩做到了最好，谁做到了完美的状态。

激情造就卓越。爱默生说过："没有激情，就没有事业可言。"

第五章
你将优秀藏在了哪里

杰克·韦尔奇在自传中写道："每次我去克罗顿维尔，向一个班级提问，拥有什么样的素质才能称得上一名'顶级的玩家'，我常常高兴地看到第一个举起手来的人说是工作热情。对我来说，极大的热情能做到一美遮百丑。如果有哪一种品质是成功者共有的，那就是他们比其他人更在乎。没有什么细节因细小而不值得去挥汗，也没有什么大到不可能办到的事。多年来，我一直在我们选择的领导中挖掘工作热情，热情并不是浮夸张扬的表现，而是某种发自内心深处的东西。"

什么东西能够激发一个人为了完成一件任务可以几天几夜不眠不休？可以承受几年甚至更长的时间去做琐碎细致的工作并一直追求卓越？可以面对任何困难毫不退缩？可以面对无数次拒绝仍然不会放弃？可以不惜一切代价地去做事不达目的决不罢休？是进取的激情。

比尔·盖茨说过："每天早晨醒来，一想到所从事的工作和所开发的技术将会给人类生活带来的巨大影响和变化，我就会无比兴奋和激动。"正是这种激情激励他创立了世界上最著名的公司——美国微软公司，使个人电脑在世界上得以普及。

萨姆·沃顿，这位沃尔玛公司的创始人，在80多岁的时候，还马不停蹄地在全国巡视他那庞大的连锁店帝国。他去南美洲考察的时候，因为在超市里不断爬上爬下测量货架之间的距离，被超市报警送到警局里。

36岁的国美总裁黄光裕是新一代的中国富豪，虽然现在他有超过150亿的身价，他仍然保持着强烈的创业激情，经常工作到凌晨才下班。他因为家里穷，17岁就出来做生意，没有受过完整的教育。可他利用处理公司日常事务的空余时间，花了5年时间钻研香港资本市场以及所有相关的法律及案例，他还认真研究了美国的资本市场、石油期货、银行同业拆借利息、人民币汇率等几乎一切与资本有关的事物。所以，他才能在香港市场导演了以 2.4 亿港元收购 88 亿港元的"蛇吞象"的完美收购案。他在零售业、房地产业以及资本市场三个领域都成为绝顶高手，这一切是他付出了别人难以想象的努力的结果。

当然，我们对于理想有自己的考虑，并不一定非要像这些大富豪一样积累巨大的财富。我们有我们自己的追求。要知道，我们来到这个世界，不是为了浑浑噩噩、稀里糊涂地度过此生，为的是要体现自己的人生价值，做一个最好的自己。没有人愿意虚度一生，谁都希望自己的生命充实美满，富有意义。进取之心，人皆有之。可是岁月流逝，越来越多的人失去了斗志和激情。如今，我们正处在人生的创造时期，怎能失去进取之心，失去激情，麻木不仁地度过此生呢？

怎样发现和释放激情呢？有没有激情，工作就大不一样。著名人寿保险推销员弗兰克·贝特格在他的自传中，向我们充分诠释了这一点：

"在我刚转入职业棒球界不久，我就遭到了有生以来最大的打击——我被开除了。理由是我打球无精打采。老板对我说：'弗兰克，离开这儿后，无论你去哪儿，都要振作起来，工作中要有生气和热情。'这是一个重要的忠告，虽然代价惨重，但还不算太迟。于是，当我进入纽黑文队时，我下定决心在这次联赛中一定要成为最有激情的球员。

"从此以后，我在球场上就像一个充足了电的勇士。掷球是如此之快、如此有力，以至于几乎要震落内场接球同伴的手套。在烈日炎炎下，为了赢得至关重要的一分，我在球场上奔来跑去，完全忘了这样会很容易中暑。第二天早晨的报纸上赫然登着我们的消息，上面是这样写的：'这个新手充满了激情并感染了我们的小伙子们。他们不但赢得了比赛，而且看来情绪比任何时候都好。'那家报纸还给我起了个绰号叫'锐气'，称我是队里的'灵魂'。三个星期以前我还被人骂作'懒惰的家伙'，可现在我的绰号竟然是'锐气'。

第五章
你将优秀藏在了哪里

"于是我的月薪从 25 美元涨到 185 美元。这并不是我球技出众或是有很强的能力，在投入热情打球以前，我对棒球所知甚少。除了'激情'还有什么能使我的月薪在十天内竟上升 700% 呢？

"退出职业棒球队之后，我去做人寿保险推销工作。在 10 个月令人沮丧的推销之后，我被卡耐基先生一语惊破。他说：'贝特格，你毫无生气的言谈怎么能使大家感兴趣呢？'我决定以我加入纽黑文队打球的激情投入到做推销员的工作中来。有一天，我进了一个店铺，鼓起我的全部热情试图说服店铺的主人买保险。他大概从未遇到过如此热情的推销员，只见他挺直了身子，睁大眼睛，一直听我把话说完，最终他没有拒绝我的推销，买了一份保险。从那天开始，我真正地展开推销工作了。在 12 年的推销生涯中，我目睹了许多的推销员靠激情成倍地增加收入，同样也目睹更多人由于缺少热情而一事无成。"

弗兰克·贝特格在事业上有所成就，与其说是取决于他的才能，不如说是取决于他的激情。凭借激情，他在烈日当空的酷热中超常发挥；凭借激情，他说服了自己的客户，最终创造出不凡的成就。

一个人如果仅仅是勉强完成职责，那么，他做起事来就会马马虎虎，稍遇困难就会打退堂鼓，很难想象这样的人能始终如一地高质量地完成自己的工作，更别说能做出创造性的业绩了。如果你不能使自己的全部身心都投入到工作中去，你就难以得到成长和发展的机会，无论做什么工作，都可能沦为平庸之辈。

只有在热爱工作的情况下，才能把工作做到最好。要热爱自己的工作，说来容易做来难，关键在于，你要看到你所做的事情的意义和价值。如果你能换一种眼光来看待你的工作，你的感受可能就会发生变化。你对一件事了解得越多，你就会对它越感兴趣。想想看，你对你没接触过的东西会感兴趣吗？绝对不会，甚至你可能根本也没兴趣去接触它。可是，一旦你对这件事的了解多起来，你就越能发现其中的乐趣。所以，你不妨对于你的工作多做些研究，多思考其中的窍门，这是个很有效的技巧，你会发现你不仅增强了工作的技能，而且更能从工作中感受到乐趣。

没有什么工作是值得轻视的，也没有什么工作是你不能从中感受到乐趣的。很多人轻视和厌烦他们所从事的工作，他们一定会把自己的工作看成是每天在毫无意义地敲打大石头呢！想想这样的人，他们从周一干到周五，是一件多么受折磨的事情。还有一些人有一种浪漫主义的想法，以为只有某些行业的工作才是有意义的，比如说做律师工作、做金融工作。实际上，能不能从工作中感受到乐趣和激情，这是一种能力，或者说是一种习惯。如果没有养成这种习惯，做什么工作可能都不会踏实。当你养成了这种习惯，在任何工作中你都能发现乐趣。

世界顶级的希尔顿饭店总裁曾经说过："我们饭店最普通的工作人员都热爱自己的工作。你能想象在勤杂业的爱因斯坦吗？如果你不能想象，那你就没有资格在这个行业里混。"

职场行走指南

【稻盛和夫：如何实现对工作从不爱到热爱？】

1. 认清形势，下定决心！无论如何，必须得喜欢上自己的工作；2. 探求意义，挖掘乐趣；3. 全力投入，积极暗示；4. 保持率真，坚持不懈。及时庆祝，表达喜悦和感谢。爱我所做比做我所爱是务实的、通往最爱的最佳途径。

尽心尽力尽善尽美

事实上，面对激烈的竞争，你应该不断地超越平庸，追求完美，你需要制定一个高于他人的标准。罗文在送信给加西亚的时候，为自己设定了一个比他人更高的标准：不推脱、不敷衍、尽全力。这样的人是一种非常优秀的人，他们不仅仅会做别人要求他们做的，而且会做得非常完美。

无论是个人的生活层面还是在事业生涯上的表现，我们随时都需要百分之百的投入才能够有望杰出。相反，如果你没有投入全部的精力，顶多只能够做到差强人意或仅仅完成工作中规定的任务，并不能完成一个能够激励人心的目标。

"不管做什么事情，都要全力以赴。"罗素·H·康威尔说，"成功的秘诀无他，不过是凡事都自我要求达到极致的表现而已。"

成功的人绝对不会以平庸的表现自满，而且他们不管做什么事情，必然都会全力以赴、追求完美。

齐格·齐格勒说："成功是能力极致的发挥。"

约翰·伍登也有类似的名言，他说"成功，就是知道自己已经倾注全力，达到自己能够达到的最极致的境界。"

法国著名小说家巴尔扎克有时因为写一页小说，会花上一星期的时间，而一些现代的写作者，还在那里惊讶巴尔扎克的声誉是从哪里来的。许多人做了一些粗劣的工作，借口是时间不够，其实按照各自日常的生活，都有着充分的时间，都可以做出最好的工作。

如果养成了做事务求完美、善始善终的习惯，人的一生必会感到无穷的满足。而这一点正是成功者和失败者的分水岭。成功者无论做什么，都力求达到最佳境界，丝毫不会放松；成功者无论做什么职业，都不会轻率疏忽。

在美国某个城市，有一位先生搭了一部出租车要到某个目的地。这位乘客上了车，发现这辆车不只是外观光鲜亮丽而已，司机先生服装整齐，车内的布置亦十分典雅。

车子一发动，司机很热心地问车内的温度是否适合？又问他要不要听音乐或是收音机？

车上还有早报及当期的杂志，前面是一个小冰箱，冰箱中的果汁及可乐如果有需要，也可以自行取用，如果想喝热咖啡，保温瓶内有热咖啡。这些特殊的服务，让这位上班族大吃一惊，他不禁望了一下这位司机，司机先生愉悦的表情就像车窗外和煦的阳光。不一会儿，司机先生对乘客说："前面路段可能会塞车，这个时候高速公路反而不会塞车，我们走高速公路好吗？"

在乘客同意后，这位司机又体贴地说："我是一个无所不聊的人，如果您想聊天，除了政治及宗教外，我什么都可以聊。如果您想休息或看风景，那我就会静静地开车，不打扰您了。"从一上车到此刻，这位常搭出租车的乘客就充满了惊奇，他不禁问这位司机："你是从什么时候开始这种服务方式的？"这位司机说："从我觉醒的那一刻开始。"司机继续说他那段觉醒的过程。他一直一如往常，经常抱怨工作辛苦，人生没有意义。但在不经意里，他听到广播节目里正在谈一些人生的态度，大意是你相信什么，就会得到什么，如果你觉得日子不顺心，那么所有发生的事都会让你觉得倒霉；相反，如果今天你觉得是幸运的一天，那么今天每次所碰到的人，都可能是你的贵人。就从那一刻开始，他开始了一种新的生活方式，目的地到了，司机下了车，绕到后面帮乘客开车门，并递上名片，说声："希望下次有机会再为你服务。"结果，这位出租车司机的生意没有受到不景气的影响，他很少会空车在这个城市里兜转，他的客人总是会事先预定好他的车。他的改变，不只是创造了更好的收入，而且更从工作中得到自尊。他真的从平庸中走了出来，并且走向了优秀。

这种竭尽全力、追求完美的工作态度，能创造出最大的价值。

全心全意、追求完美，正是敬业精神的基础。一个人无论从事何种职业，都应该全心全意、尽职尽责，这不仅是工作的原则，也是生活的原则。

不论你的工资是高还是低，你都应该保持这种良好的工作作风。能让工作变得完美的人，需要极高的品质。高品质不是从天上掉下来的，而是人们保持高昂的信心，诚心诚意的努力，投入心血智慧以及技能后所得到的结果。它代表的是众多选择当中的明智抉择，因此，你做出抉择之后，就会倾注全力达到这样的标准。

这时，才能、环境、幸运、遗传以及个性都不那么重要，重要的是你打算凭借着自己的所能达到什么样的境界，怎样达到这样的境界。

拒绝平庸、追求完美要求我们首先从自己做起，从现在做起，从一点一滴做起。努力把自己的本职工作做得比昨天更好，把团队的业绩做得比以前更好，把公司的经营做得一年比一年更好。

追求完美就不允许等待，追求完美就要有刻苦敬业、不达目的不罢休的精神以及过人的精力。我们每一个员工都应该超越自己，拒绝平庸。所以我们要有突破传统、尝试新事物和解决困难的勇气，还要有胆识承受压力。

　　只有精益求精，才能追求完美。无数成功的经验告诉我们：世界上没有做不成的事，只有做不成事的人。作为一个优秀员工，凡是别人已经做到的事，我们即使面临的困难再大，也一定要做得更好；凡是别人认为做不到的事，我们即使遇到挫折，也要继续拼搏直至取得成功；凡是别人还没有想到的事，我们不仅应该想到，而且一定要敢为人先，迅速行动。

 职场行走指南

【职场禁忌】

　　1. 传播负面；2. 公私不分；3. 夸夸其谈；4. 一心二用；5. 三心二意；6. 爱找借口；7. 爱挑事端；8. 心胸狭隘；9. 不懂感恩；10. 心存抱怨；11. 爱提条件；12. 不懂付出；13. 只顾眼前；14. 说多干少；15. 哥们义气。

伟大的事业因为热情而成功

爱默生说过："有史以来，没有任何一件伟大的事业不是因为热情而成功的。"事实上，这不只是一段单纯而美丽的话语，而是迈向成功之路的路标。

凡事都显得漠不关心，就连对自己的人生和工作也不关心，对于年轻人来说，如果以如此消极的态度来对待人生和工作，这是绝对不能宽恕的。年轻人应该有非同寻常的志趣和热情，有比别人更突出、更坚忍的意志，凡事灵活、敏捷、主动、热情。

同样一份工作，同样由你来干，有热情和没有热情，效果是截然不同的。前者使你变得有活力，工作干得有声有色，创造出许多辉煌的业绩，使老板对你刮目相看。而后者，使你变得懒散，对工作冷漠处之，当然就不会有什么发明创造，潜在能力也无所发挥。

你不关心工作，老板也不会关心你；你自己垂头丧气，老板自然对你丧失信心。你成为企业里可有可无的人，也就等于取消了自己继续从事这份职业的资格。

许多年轻人，工作大多是茫然的。他们每天在茫然中上班、下班，到了固定的日子领回自己的薪水，高兴一番或者抱怨一番之后，仍然茫然地去上班、下班……他们从不思索关于工作的问题：什么是工作？工作是为什么？怎样才能做好工作？可以想象，这样的年轻人，他们只是被动地应付工作，为了谋生或薪水而工作，他们不可能在工作中投入自己全部的热情和智慧。他们只是在机械地完成任务，而不是去创造性地、充满热情地工作。

我们固然是准时上下班的，可是，我们的工作很可能是死气沉沉的、被动的。当我们的工作依然被无意识所支配的时候，就不能说我们对工作的热情、智慧、信仰、创造力被最大限度地激发出来了，也很难说我们的工作是卓有成效的。我们只不过是在"过日子"或者"混日子"罢了，就不可能做好自己的工作。这对于公司或我们自己都是不利的。

工作不是一个关于干什么事和得多少报酬的问题，而是一个关于生命的问题。工作就是充满热情，工作就是付出努力。正是为了成就什么或获得什么，我们才专注于什么，并在那个方面付出精力。从这个本质来说，工作不是我们为了谋生才去做的事，而是我们用生命做的事。要做好工作，就一定要培养热情工作的习惯。

明白了这个道理，并以这样的眼光来重新审视我们的工作，工作就不再成为一种负担，即使是最平凡的工作也会变得意义非凡。在各种各样的工作中，当我们发现那些需要做的事情——哪怕并不是分内的事的时候，也就意味着我们发现了超越他人的机会。因为在热情工作的背后，需要你付出的是比别人多得多的智慧、责任、想象力和创造力等。

每个老板都希望自己的员工能充满热情地工作。对于发个指令，揿动按钮，才会动一动的"电脑员工"，没有人会欣赏，更没有老板愿意接受，这类只知机械工作的"应声虫"，老板会毫不犹豫地将其放在升职的考虑之外。无论未来从事什么样的职业，如果你能够对自己的工作充满激情，那么，你就不会失业，也不会为自己的前途操心了。

当一个人对自己的工作充满激情的时候，他便会全身心地投入自己的工作之中。这时候，他的自发性、创造性、专注精神等等对自己工作有利的条件便会在工作的过程中表现出来，他就能够把工作做到最好。

有许多公司的老板，都希望自己的员工对工作充满热情，并且费尽心机地寻找一些对工作充满激情的人。因为企业的支撑和发展都需要这样的人。一个对工作缺乏激情的人，根本无法把工作做好。

事实上，没有任何一个人愿意与一个整天提不起精神的人打交道，也没有任何一位公司的老总会提拔一个在工作中萎靡不振的员工，相反这种人往往只会成为解雇的对象。因为一个人在工作的过程中萎靡不振，不但会降低自己的工作能力和效果，还会对他人以至整个团体产生负面的影响。

吉米是一家电脑公司的业务主管，现在这家公司的生意相当火暴，公司的员工对待自己的工作也充满了热情和骄傲。但是，以前并不是这种情况，那时候，公司里的员工们都已经厌倦了自己的工作，他们中的许多人都已经做好写辞职报告的准备了。但是，吉米的到来改变了这一切，他对待工作充满了激情，这种精神状态燃起了其他员工胸中的热情火焰。

每天，吉米第一个到达公司，并微笑着与每一个同事打招呼。开始工作时，他便容光焕发，好像生活又焕然一新。在工作的过程中，他调动自己身上的潜力，开发新的工作方法。在他的影响下，公司的员工也都早来晚走，斗志昂扬，纵然有时候腹中饥饿，也舍不得离开自己的工作岗位。因为他经常保持这种激情四射的工作状态，在很短的时间内，便被经理提拔到主管的位置。在他的带动和感染下，员工们也一个个充满了活力，公司的业务不断上升。对工作充满热情就能够产生强大的动力，不仅可以使自己提高工作效率，而且还能够带动周围的人更好地完成工作。

这种人是任何一个公司都需要的。IBM 中国区的一位人力资源总监曾说："从人力资源的角度而言，我们希望招到的员工都是一些对工作充满激情的人，这种人尽管对行业涉猎不深，年纪也不大，但是，他们一旦投入工作之中，所有工作中的难题也就不能称之为难题了，因为这种激情激发了他们身上的每一个钻研的细胞。另外，他周围的同事也会受到他的感染，而产生出对待工作的激情。"

让自己在工作充满激情，是你伟大事业的开始。

 职场行走指南

【这种人想不成功都难】

1. 别人谓为困难，你却视为挑战；2. 别人借口连篇，你却主动执行；3. 别人事不关己，你却乐于负责；4. 别人三分干劲，你却十分卖力；5. 别人不紧不慢，你却快马加鞭；6. 别人注重分歧，你却精诚合作；7. 别人诉说苦劳，你却呈献功劳；8. 别人一蹶不振，你却永不言败。

进取心是通向优秀的关键

NBA 传奇人物迈克尔·乔丹总结自己的一生时曾说："从'不错'迈入'杰出'的境界，关键在于自己的心态。"这位历史上最伟大的篮球运动员结合自己奋斗历程，只用一句话便表明了人生成功的最大秘诀。在工作和生活中，你可以使自己变得很优秀，也可以使自己过得很平庸，这一切并不完全取决于别人或者环境对你的需求，关键在于你是否拥有一颗进取的心。

在企业中，对工作负责的员工或许可以称得上是一个称职的员工，但绝对不是一个优秀的员工。满足现状意味着退步，不断进取才能抵达成功。一个人如果从来不为更高的目标做准备的话，那么他永远都不会超越自己，只能永远停留在自己原来的水平上，被不断进步的社会和不断更新的工作淘汰。因此，如果你想在工作中出类拔萃，就必须要有进取心，就不能安于平庸。

因此，不管你在什么行业，不管你有什么样的技能，也不管你目前的薪水多丰厚、职位多高，你仍然应该告诉自己："要时刻拥有进取心，追寻更高目标。"追寻更高目标，便意味着更高程度的自我价值实现，这种强烈的自我提升欲望促成了许多人的成功。

杰出人物从不满足现有的目标状况。随着他们的进步，他们的标准会越定越高；随着他们眼界的开阔，他们的进取心会逐渐增长。对于比尔·盖茨来说，如果说他仅仅希望开一家小公司赚点钱，那么他

20 岁时就已经实现了这个目标；如果说成为世界上最有钱的人是他的最高理想的话，早在 32 岁的时候他就已经实现了这一目标。如果他没有不断超越自我的志向，他在年轻的时候就可以醉心于自己的伟大成就而举步不前了。

凡是事业有成的人皆是如此，他们会以毕生的精力去追求更高的目标，不断追求新的技能以及优势的开发。即使偶有突发事件，他们也不会改变自己的目标。

福特汽车的创始人亨利·福特，在制造 V—8 汽车时，明确指出要造一个内附 8 个汽缸的引擎，并指示手下的工程师马上着手设计。

但其中一个工程师却认为要在一个引擎中装设 8 个汽缸是根本不可能的。他对福特说："天啊，这种设计简直是天方夜谭！以我多年来的经验判断，这是绝对不可能的事。我愿意和您打赌，如果谁能设计出来，我宁愿放弃一年的薪水。"

福特先生笑着答应了他的赌约，他坚信自己的设想说："尽管现在世界上还没有这种车，但无论如何，只要多搜集一些资料，并把它们的长处广泛地加以分析和改进，是完全可以设计和生产出来的。"

后来，其他工程师通过对全世界范围的汽车引擎资料的搜集、整理和精心设计，结果奇迹出现了，不但成功设计出 8 个汽缸的引擎，而且还正式生产出来了。

那个工程师对福特先生说："我愿意履行自己的赌约，放弃一年的薪水。"

此时，福特先生严肃地对他说："不用了，你可以领走你的薪水，但看来你并不适合在福特公司工作了。"

显然，这位工程师被辞退的最大原因便是他缺乏进取心。事实上，一个没有进取心的员工，已经将自己推到了失业的边缘。

李某曾经在一家合资企业任首席财务官。在成为首席财务官之前，他工作非常卖命，并做出了突出的成绩。老板非常赏识他，第一年就把他提拔为财务部经理，第二年提拔为首席财务官。

坐上首席财务官职位后，拿着丰厚的薪水，驾着公司配备的专车，住着公司购买的房子，他的生活品质得到了很大的提升。然而，他的工作热情却一落千丈，他把更多的精力放在了享乐上面。

当朋友问他还有什么追求时，他说："我应该满足了，在这家公司里，我已经到达自己能够到达的顶点了。"李某认为公司的CEO是董事长的侄子，自己做CEO是不可能的，能够做到首席财务官就到达顶点了。他在首席财务官的位置上坐了差不多一年的时间，却没有干出一点值得一提的业绩。朋友善意地提醒他："应该上进一点了，没有业绩是危险的。"

没想到，李某竟然说："我是公司的功臣，而且这家公司离不了我李某，老板不会把我怎么样的！"他甚至在心里对自己说，丰厚的薪水永远属于我，车子永远属于我，房子永远属于我，没有人可以夺去，因为没有人可以替代我。的确，公司很多工作都离不开李某。然而，他的糟糕表现，还是让老板动了换人的念头。在一个清晨，李某驾着车，和往日一样来到公司，优越感十足地迈着方步踱进办公室里，第一眼看到的却是一份辞退通知书。

被辞退了，丰厚的薪水没了，车子不得不还给公司。而且，他还从舒适的房子里搬了出来，不得不去租一间小得可怜的、上厕所都不方便的小套间。

试着为自己设立更高的目标吧！在完成一天的工作之后，你有没有想过："我应该能够做得更出色一点，或者更勤奋一点儿？"你完成工作的质量是否比以前高，速度是否比以前快，你的工作习惯、态度、解决事情的方法与以前相比是否更好？

不断追求更高的自我定位，从根本上说，是为了自身不断地进步。不断进取的过程更是重塑自我的过程。这好比跳高运动员，不断进取就是要把有待跃过的横杆升高一格或几格，力争做到更好。很可能，这"更好"并非巨大的超越，而仅仅是超出那么一英寸左右。但每当运动员们尝试跳得更高一点儿时，他们实际上就是要重新塑造自我。他们必须重新思考自我的含义。然后，他们要设定新的目标——不是基于过去的纪录，而是基于重新思考后对自我的全新认识。这个新的自我所处的位置更高，必将会有更杰出的工作表现。

这么做时不要想着是为了讨得老板的欢心，也不要寄希望于能立即加薪升职。因为有时你积极进取，对于老板而言，只说明你是一个有价值的员工，但也仅此而已。老板由于利益的缘故不会给你升职，但你的价值又何止于此？你在其中所获得的成长是其他甘于平庸者无法企及的，即使你和他们处于同一职位，你也会显得卓尔不群。

 职场行走指南

【成就是逼出来的】

1. 一个人，如果你不逼自己一把，你根本不知道自己有多优秀；2. 一个人，想要优秀，你必须要接受挑战；3. 一个人，想要尽快优秀，你就要去寻找挑战；4. 一个人，敢听真话，需要勇气；5. 一个人敢说真话，需要魄力；6. 一个人的知识，通过学习可以得到；7. 一个人的成长，必须通过磨炼。

优秀体现在好的习惯上

亚里士多德说："人的行为总是一再重复。因此卓越的不是单一的举动，而是习惯。"

一个好习惯，或许会改变人的一生，这绝不是夸大其词，可以作为佐证的事例随手便能拈来。美国福特公司名扬天下，不仅使美国汽车产业在世界占据鳌头，而且改变了整个美国的国民经济状况，谁又能想到该奇迹的创造者福特当初进入公司的"敲门砖"竟是"捡废纸"这个简单的习惯性动作？

习惯的力量是巨大的，因为它具有一贯性。它通过不断重复，使人们的行为呈现出难以改变的特定的倾向。就像一句古老的箴言："习惯就像一根绳索。每天我们都织进一根丝线，它就会逐渐变得非常坚固，无法断裂，把我们牢牢固定住。"我们每天高达 90% 的行为是出自习惯的支配。可以说，我们所做的每一件事，都是习惯使然。

美国石油大亨保罗·盖蒂曾经是个大烟鬼，烟抽得很凶。在一次度假中，他开车经过法国，天降大雨，他在一个小城的旅馆停了下来。吃过晚饭，疲惫的他很快就进入了梦乡。

清晨两点钟，盖蒂醒来。他想抽一根烟。打开灯后，他很自然地伸手去抓桌上的烟盒，不料里面却是空的。他下了床，搜寻衣服口袋，一无所获，他又搜索行李，希望能发现他无意中留下的一包烟，结果又失望了。这时候，旅馆的餐厅、酒吧早已关门，他唯一希望得到香烟的办法是穿上衣服，走出去，到几条街外的火车站去买，因为他的汽车停在距旅馆有一段距离的车房里。

越是没有烟，想抽的欲望就越大，有烟瘾的人大概都有这种体验。盖蒂脱下睡衣，穿好了出门的衣服，在伸手去拿雨衣的时候，他突然停住了。他问自己：我这是在干什么？

盖蒂站在那儿寻思，一个所谓有修养的人，而且相当成功的商人，一个自以为有足够理智对别人下命令的人，竟要在三更半夜离开旅馆，冒着大雨走过几条街，仅仅是为了得到一支烟。这是一个什么样的习惯，这个习惯的力量竟如此惊人的强大。

没多会儿，盖蒂下定了决心，把那个空烟盒揉成一团扔进了纸篓，脱下衣服换上睡衣回到了床上，带着一种解脱甚至是胜利的感觉，几分钟就进入了梦乡。从此以后，保罗·盖蒂再也没有抽过香烟。

烟瘾很大，对任何人来说，都不是一个大的缺点。但保罗·盖蒂却坚持改变，这是因为他意识到了习惯的巨大力量。一位理智、成功的商人居然会为一支香烟六神无主，如果是在休闲时间这倒没什么影响，如果是在谈一笔大买卖，这个习惯则会影响他的判断，进而影响整笔生意的完成。一个人要是沉溺于坏习惯之中，就会不知不觉把自己毁掉。

好习惯使我们受益，让我们很自然地去做某些事情，而无须在意志方面付出巨大的努力；坏习惯则是我们行动的障碍，还腐蚀着我们的意志力，我们很容易受它的控制，成为它的奴隶，意志坚强的人也不例外。保罗·盖蒂的例子就足以证明这一点。只是与普通人不同的是，保罗·盖蒂凭着毅力改变了自己的坏习惯，这可是常人所不易做到的。

优秀员工之所以优秀，很大程度上是因为他有一些良好的习惯，要想使自己优秀，首先让自己养成优秀的习惯。

1. 善于学习

在风云变幻的职场中，思维活跃、能力超强的新人或者经验丰富的业内资深人士不断地涌进你所在的行业或公司，你每天都在与他人竞争，因此你必须不断提升自己的价值，增进自己的竞争优势，学习新知识并在工作当中学到新的技能。

在领导者的眼中，一名优秀的员工一定是一名善于学习的人。不要认为人们只能在教室里学到知识，好的员工要学会从自己的工作中吸取经验教训，向愿意和其分享的人学习能够学到的一切知识。从书报杂志以及互联网上获取信息，通过观察和了解新的趋势，使自己能从专家的角度进行思考，使自己更加自如地掌控未来的变化，很好地帮助自己适应工作的多元化需要。

2. 有序工作

一名善于适应工作复杂化的员工，能够敏锐地分出工作的轻重缓急，把摆在面前的任务根据重要性分出不同的等级。然后将重要的工作马上完成，次要的和不那么重要的可以先放一放，待时间充裕时完成。将重要的部分进行明确化、简单化，同时集中精力解决问题，不能将所有工作以同样的方式进行处理。不重要的枝节果断地去除，这样做的最终目的是将精力完全集中在某一点，避免做无用功。实在不能省去的部分就用其他简单的方法取而代之；将需要花费较少时间的工作积攒起来一次性完成。这样可以将复杂的工作简单化，能够提高效益和争取时间。

3. 认真负责

把每一个新情况当成机遇，看到事情光明的一面，把每一项挑战都看作是一个新的机遇，看作是对自己的智力和适应能力的测验，这样才会使自己获得真正的提高。具有依赖心理的人在面对复杂化的挑战时往往把责任推给别人，他们会说"这不是我的责任"，或者"你决定吧"。而独立自主的人则会说"我来解决这个问题""我会负责的"或者"我抽时间做吧"。保持前一种态度的人永远也不会得到企业的信赖。

4. 适应压力

工作中的压力每个人都会有的，但最主要的一点就是能否适应这份工作。如果适应的话，那么工作中的压力就是自己进步的动力，就会很从容地去面对，找出压力的根源所在。如果是知识欠缺，那么就要给大脑充电；如果是人际关系等其他方面欠缺，那么就要向有经验的人学习，多找公司的同事谈心。当然压力的来源很多，这就要求员工要自信，能够找出压力的原因，不断完善自我，不断留给自己发展的空间，才能够很好地适应工作中的压力。

 职场行走指南

【影响你进步的十三个坏习惯】

1. 拖延成性；2. 表现成癖；3. 不愿倾听；4. 懒于改变；5. 不可取代；6. 取悦他人；7. 文过饰非；8. 斤斤计较；9. 不动脑子；10. 缺少准备；11. 净是幻想；12. 害怕冲突；13. 容易沮丧。

你在
为谁工作
Who Are You Working For

第六章
是什么阻碍了你的发展

　　人若非自己限制自己，否则别人休想阻碍他的发展。成功学大师卡耐基说 "成功人士和平庸之辈的差别，就在于前者注重积累，注意利用身边的每一件点滴小事锻炼自己，将生活中一个个平凡的目标当成自己实现卓越的阶梯。而平庸之辈只会好高骛远，轻率冒进，或者因为目标过于困难而放弃了奋争的勇气。"

缺乏挑战困难的勇气

许多人虽然具备种种取得成功的能力，但是却有个致命弱点：对自己不够自信，缺乏挑战困难的勇气。他们以为，要想保住工作，必须保持熟悉的一切，对于那些颇有难度的事情，还是躲远一些好。所以当他们面对不时出现的困难工作，总是一躲再躲，而不敢主动发起"进攻"。如果困难的工作"不幸"轮到自己的头上，他们总是想方设法拖延。结果，终其一生，也只能是平庸的一生。

有位哲人说："人生最精彩的章节，并不是你在哪一天拥有了多少金钱，也不是你在哪一刻获得了美妙的爱情，而是你在某一关键的瞬间，咬紧牙关战胜了自我。"勇于向"不可能完成"的任务挑战，是一个人事业成功的基础。西方有句名言："一个人的思想决定一个人的命运。"如果你想摆脱平庸的工作状态，拥有精彩卓越的人生，就应当摆脱心灵的恐惧，不断地挑战自我，打破自我限制。

一位老板描述自己心目中的理想员工时说："我们所急需的人才，是拥有进取精神，勇于向'不可能完成'的工作挑战的人。"所以，敢于向"不可能完成"的工作挑战的"职场勇士"和事事求安稳的"职场懦夫"在老板心目中的地位是截然不同的。

"职场懦夫"永远不要奢望得到老板的垂青。如果你羡慕别人的晋升，那么，你一定要明白，他们的成功绝不是偶然的。在复杂的职场中，正是秉持"挑战不可能完成的工作"这一原则，他们磨砺生存的利器，不断力争上游，才脱颖而出。

美国著名钢铁大王卡内基在描述他心目中的优秀员工时说："我们所急需的人才，不是那些有着多么高贵的血统或者多么高学历的人，而是那些有着钢铁般的坚定意志，勇于向工作中的'不可能'挑战的人。"

李开复博士在苹果公司工作的时候，有一天，老板突然问他什么时候可以接替自己承担老板的职责？李开复当时非常吃惊，连忙向老板表示，自己缺乏管理经验和经营能力。但是老板却说，这些经验是可以培养和积累的，而且，老板希望他在两年之后就可以做到。有了这样的提示和鼓励，李开复开始有意识地加强自己在这方面的学习和实践，向自己之前认为"不可能"的工作任务发起挑战。果然，他真的在两年之后接替了老板的工作。

现今享誉全球的麦当劳公司就是在莫里斯·麦当劳和查特·麦当劳两兄弟不向困难屈服，敢于向"不可能"挑战的精神中诞生的。

20世纪20年代，这对心怀跳跃之心的"不安分"的小青年毅然告别乡村老家，勇闯美国著名影城好莱坞。

1937年，历经多次挫折的兄弟二人，抱着永不服输的念头，借钱办起了全美第一家"汽车餐厅"，由餐厅服务员直接把三明治和饮料等送到车上——也就是说，麦当劳兄弟二人最初办的是路边餐馆，定位于服务到车、方便乘客的这种经营方式。

由于形式独特，餐厅很快一炮打响，一时间他们的"汽车餐厅"独领风骚。后来人们纷纷效仿，办"汽车餐厅"的人日益增多，麦当劳兄弟的生意大不如初，而且每况愈下。

在困难面前，兄弟二人没有丝毫的退缩、沮丧和消沉，继续冥思苦想着再一次勇敢超越自己的良策。他们摒弃了原有的"汽车餐厅"

的服务理念，转而在"快"字上大做文章，以"想吃花哨和高档的请到别处去，想吃简单实惠和快捷的请到我这儿来"的全新经营理念吸引了千千万万顾客蜂拥而来，一举获胜。

兄弟二人并没有满足于现状，继续敢想敢干，敢在"冒尖"和"出奇"上制胜。比如后来推出小纸盘、纸袋等一次性餐具，进行了厨房自动化的革命，来不断迎接新的挑战。

麦当劳兄弟正是因为有了这种不断战胜并超越自我的决心和勇气，并将这种决心和勇气付诸实践，才使得他们把在一般人眼里已经很好或根本不可能的事，彻底推翻或改写，从而一步步迈向快餐业霸主的地位。

如果你也希望像他们一样取得事业上的成功，那么当一件人人看似"不可能完成"的艰难工作摆在你面前时，不要抱着"避之唯恐不及"的态度，更不要花过多的时间去设想最糟糕的结局，以致迟迟不敢动手去做。

你首先要对自己有信心。不断重复"根本不能完成"的念头只会让你真的不能完成。就像一个高尔夫球员，不停地嘱咐自己"不要把球击入水中"，并想象球掉进水中的情形，在这样的心态下，你能指望他打出去的球往哪里飞呢？

勇于向"不可能"挑战的精神、信心和勇气，是一个人事业成功的重要砝码。

事实上，我们每个人的身上都蕴涵着极大的能量。勇于向不可能的任务挑战，有利于我们不断打破心灵中的自我限制，充分发挥出自我的潜能。

跳蚤这种动物，有着极强的弹跳力。统计表明，一般跳蚤跳的高度可达它身体的 400 倍左右，所以说，跳蚤可以称得上是动物界的跳高冠军。把一只跳蚤放进玻璃杯中，我们就会发现跳蚤会立即跳出来，再重复上几遍，结果仍会如此。接下来，如果你再次把这只跳蚤放进杯子里，并且立即在杯上加一个玻璃盖，"砰"的一声，跳蚤就会重重地撞在玻璃盖上。于是，跳蚤就会感到十分困惑，但是它不会停下来，因为跳蚤的生活方式就是"跳"，一次次被撞后，跳蚤开始变得聪明起来了，它开始根据盖子的高度来调整自己所跳的高度。再过一会儿，你就会发现跳蚤再也不会撞击到盖子，而是在盖子下面自由地跳动。

一个小时后，当你把这个盖子轻轻拿掉，跳蚤不知道盖子已经去掉了，它还是在原来的这个高度继续地跳；再过几个小时，你会发现这只跳蚤还在原来的高度跳。一天以后发现，这只可怜的跳蚤还在这个玻璃杯里不停地跳跃——其实它已经无法跳出这个玻璃杯了。

难道跳蚤真的不能跳出这个杯子吗？绝对不是。问题在于经过几次碰撞，它的心里面已经默认了这个杯子的高度是自己无法逾越的。

在我们的工作中，很多人也有着类似的"跳蚤式"经历，虽屡屡去尝试成功，但是往往事与愿违，屡屡失败。经过几次碰壁以后，便开始怀疑自己的能力，以为"盖子"已成为自己无法逾越的高度，失去了向困难挑战的勇气。在这种心态的作用下，他们不是重整旗鼓，不惜一切代价去追求成功，而是一再地降低成功的标准。因此，当"盖子"掀起的时候，他们已经失去了挑战的勇气，不敢再跳，或者已习惯了，不想再跳了。他们往往因为害怕成功高度的限制，而甘愿忍受平庸者和失败者的生活。

心理高度决定事业高度，一个人若想打破平庸的生活模式，实现从优秀到卓越的跨越，就要首先突破心理的瓶颈，相信自己，从根本上克服这种无知的障碍，走出"不可能"这一自我否定的阴影，用信心支撑自己完成这个在别人眼中是不可能完成的工作。

职场行走指南

【如何在工作中得到快乐】

1. 寻找工作的意义，赚大钱不是工作的唯一意义；2. 寻找有兴趣且能发挥长处的工作和任务；3. 设定对自己有意义的工作目标。一旦达标，庆祝并奖励自己；4. 以努力工作的方式，发展良好的人际关系；5. 试着以乐观、积极的方式处理工作，面带微笑面对忙碌的一天。

拖延的结果是平庸

有位企业家曾说过一句话："比别人勤奋一点点，就能超前别人一大步。"拖延有很多外表的伪装——懒惰、漠不关心、健忘、工作过量，但这种伪装的后面通常有一种情绪——恐惧。恐惧导致拖延，而拖延则会导致更深的恐惧。拖延者常常被工作的分量和复杂性吓倒，他们害怕自己无法完成任务，结果就会不自觉地把工作一拖再拖。

拖延只会导致一个人步入平庸。它对人的最大危害，不仅仅在所拖之事上，它会侵蚀人的意志和心灵，消耗人的能量，阻碍人的潜能的发挥。处于拖延状态的人，常常陷于一种恶性循环之中不能自拔，最后只能将问题在自己身上越积越多。

在一些失败的企业里，拖延是一种普遍现象。比如：琐事缠身，无法将精力集中到工作之中，只有被上司逼着才向前走，不愿意自己主动开拓；反复修改计划，有着极端的完美主义倾向，该实施的行动被无休止的"完善"所拖延；虽然下定决心立即行动，但总找不到行动的方法；做事磨磨蹭蹭，有着一种病态的悠闲，以至问题久拖不决；情绪低落，对任何工作都没有兴趣，也没有什么人生的憧憬。

对每一个渴望有所成就的人来说，拖延是最具破坏性的，它是一种最危险的恶习，它使人丧失进取心。一旦开始遇事推脱，就很容易再次拖延，直到变成一种根深蒂固的习惯。

另外，喜欢拖延的人往往意志薄弱，他们或者不敢面对现实，习惯于逃避困难，惧怕艰苦，缺乏约束自我的毅力；或者目标和想法太多，导致无从下手，缺乏应有的计划性和条理性；或者没有目标，甚至不知道应该确定什么样的目标。

人的惰性是一种可怕的精神腐蚀剂，它可以让人整天无精打采，生活消极颓废。美国科学家、物理学家、发明家、政治家、社会活动家富兰克林就曾经说过："懒惰就像生锈一样，比操劳更能消耗我们的身体。"而萧伯纳则说："懒惰就像一把锁，锁住了知识的仓库，使你的智力变得匮乏。"

在工作中，因懒惰而拖延是一种最不能得到原谅的行为。

思科公司的总裁约翰·钱伯斯先生对此评论说："拖延时间常常是少数员工逃避现实、自欺欺人的表现。然而，无论我们是否在拖延时间，我们的工作都必须由我们自己去完成。通过暂时逃避现实，从暂时的遗忘中获得片刻的轻松，这并不是根本的解决之道。要知道，因为拖延或者其他因素而导致工作业绩下滑的员工，就是公司裁员的必然对象。"

迈克是伦敦一家公司的一名底层职员，他的外号叫"奔跑的鸭子"。因为他总像一只笨拙的鸭子一样在办公室飞来飞去，即使是职位比迈克还低的人，都可以支使迈克去办事。

后来迈克被调入了销售部。有一次，公司下达了一项任务：必须完成本年度 500 万美元的销售额。

销售部经理认为这个目标是不可能实现的，私下里他开始怨天尤人，并认为老板对他太苛刻，为了使公司降低年度销售指标，有意将与之相关的工作计划一拖再拖。

只有迈克一个人在拼命地工作，到离年终还有 1 个月的时候，迈克已经全部完成了他自己的销售额。但是其他人没有迈克做得好，他们只完成了目标的 50%。

经理主动提出了辞职，迈克被任命为新的销售部经理。"奔跑的鸭子"迈克在上任后忘我地工作。他的行为感动了其他人，在年底的最后一天，他们竟然完成了剩下的 50% 销售额。

不久，该公司被另一家公司收购。当新公司的董事长第一天来上班时，他亲自点名任命迈克为这家公司的总经理。

因为在双方商谈收购的过程中，这位董事长多次光临公司，这位"奔跑"的迈克先生给他留下了深刻的印象。"如果你能让自己跑起来，总有一天你会学会飞。"这是迈克传授给他的新下属的一句座右铭。我们常常因为拖延时间而心生悔意，然而下一次又会惯性地拖延下去。几次三番之后，我们竟对这种恶习习以为常，以致漠视了它对工作的危害。

1989 年 3 月 24 日，埃克森公司的一艘巨型油轮在阿拉斯加触礁，原油大量泄漏，给生态环境造成了巨大破坏，但埃克森公司因一时拿不出面向外界的合理解释，将此事一拖再拖，终于引起众怒，以致引发了一场"反埃克森运动"，甚至惊动了当时的美国总统布什。最后，埃克森公司因此事直接损失达几亿美元，形象严重受损。

拖延并不能使问题消失也不能使解决问题变得容易起来，而只会使问题深化，给工作造成严重的危害。无论是公司还是个人，没有在关键时刻及时做出决定并付诸行动，而让事情拖延下去，就会使没解决的问题，由小变大、由简单变复杂，像滚球那样越滚越大，解决起来也就越来越难。

那些经常说"唉，这件事情很烦人，还有其他的事等着做，先做其他的事情吧"的人；那些将"今天该做的事拖到明天，现在该打的电话等到一两个小时以后才打，这个月该完成的报表拖到下个月"的人，总是奢望随着时间的流逝，难题会自动消失或有其他人解决它，须知这不过是自欺欺人。随着完成期限的迫近，工作的压力反而与日俱增，只会让他们感觉更加疲惫不堪。

如果你希望通过拖延在一个公司混日子，那你就犯了一个大错误。你在工作上的拖延虽一时侥幸蒙骗了你的雇主，但却使你从此变得更加平庸。优秀的员工做事从不拖延，他们知道自己的职责是什么，在上司交办工作的时候，他们只有两个回答："是的，我立刻去做！"或是"对不起，这件事我干不了。"某件工作能做就立刻去做，不能做就立刻说出自己不能做，拖延与优秀员工无关。

商场就是战场，工作如同战斗。要想在商场上立于不败之地，就必须摒弃拖延的恶习，拖延只能导致平庸的结局。如果你想打破平庸的生活模式，完成从优秀到卓越的跨越，请丢掉糊弄工作的态度，从今天开始拒绝一切拖延的习惯。

 职场行走指南

【如何让每一天更高效】

1.知道今天的重点是什么，避轻就重；2.拒绝参与任何没有意义的事；3.避免任何无需见面的人；4.自己带饭，腾时间午休；5.避开早晚高峰交通，挤出可用时间；6.少开车，多利用碎片时间；7.务必留出独立思考的时间；8.勤总结；9.努力做到不为小事发脾气；10.多看书，少瞌睡。

抱怨起不到任何作用

人在遭遇不公正待遇时，通常会产生种种抱怨情绪，甚至会采取一些消极对抗的行为，这是一种正常的心理反应。但是，如果我们从另外一个角度，用一种豁达大度的心态来对待它，就会将这种不公当成对成功者的一种考验。

一位朋友计划与一位离过婚的妇女结婚，临到结婚前却放弃了。

"到底发生了什么事？"有人问他。

朋友这样解释道："她总是一一历数前夫的种种缺点——胡说八道、好吃懒做、无所事事、脾气恶劣等等，简直一无是处。我想，世界上应该没有一个如此坏的人吧。我突然觉得和她生活下去我会受不了的。于是干脆逃走为妙！"

一个受过良好教育、才华横溢的年轻人抱怨自己在公司长期得不到提升，其间流露出对老板的不满。在他眼中，老板只不过是用"敬业"和"忠实"来麻痹员工，作为剥削员工的一种手段。没过多久他就被公司辞退了。

对于生活中那些喜欢抱怨的人，大多数人都会避而远之；对于在工作中表现消极喜欢抱怨的人，大多数公司都不会让他存留，更别说给他奖励和晋升的机会。

生活中许多失业者，都有一个共同的特点，那就是充满了抱怨。失业的痛苦困扰他们的身心，使他们觉得自己仿佛被命运挤到墙角（其实是他们自己走到了命运的墙角），因此只有通过抱怨来平衡自己。然而，这种抱怨的行为恰好说明他们所遭遇的处境是咎由自取。

季某是北京一名牌大学的毕业生，能说会道，各方面的表现都不同凡响。他在一家私营企业工作两年了，虽然业绩很好，为公司立下了汗马功劳，可就是得不到老板的提升。

季某心里有些不舒畅，常常感叹老板没有眼力。一日，和同事喝酒时季某发起了感慨："想我自到公司以来，努力认真，试图在事业上有所成就，我为公司建立了那么多的客户，业绩也很不错。虽然兢兢业业，成就人所共知，但是却没人重视、无人欣赏。"

世上没有不透风的墙，本来老板准备提升季某为业务部经理。得知季某之言，心里不是滋味，后来放弃了提升他。季某之所以得不到老板的提升，就在于他不了解老板的心理，而只是一味地从自己的利益出发抱怨老板没有识人之"能"。

抱怨是无济于事的，只有通过努力才能改善处境。人往往就是在克服困难的过程中，形成了高尚的品格。相反，那些常常抱怨的人，终其一生，也无法产生真正的勇气、坚毅的性格，自然也就无法取得任何成就。不妨假想一下，你喜欢与那些抱怨不已的人为伍，还是与那些乐于助人、充满善意、值得信赖的人一起共事呢？哪一种同事更受欢迎呢？

有时候，在工作和生活之中，碰到一些并非我们职责范围内的工作，只要我们站在公司的立场上，为公司着想，而不是置身事外，采取观望态度。那么，我们所做出的努力终会得到回报。在现实中，我们难免要遭遇挫折与不公正待遇，每当这时，有些人往往会产生不满，不满通常会引起牢骚，希望以此引起更多人的同情，吸引别人的注意力。从心理角度上讲，这是一种正常的心理自卫行为。但这种自卫行为同时也是许多老板心中的痛，牢骚、抱怨会削弱员工的责任心，降低员工的工作积极性，这几乎是所有老板一致的看法。

许多公司管理者对这种抱怨都十分困扰。一位老板说："许多职员总是在想着自己'要什么'；抱怨公司没有给自己什么，却没有认真反思自己所做的努力和付出够不够。"

对于管理者来说，牢骚和抱怨最致命的危害是滋生是非，影响公司的凝聚力，造成机构内部彼此猜疑，涣散团队士气，因此他们时刻都对公司中的"抱怨者"有着十二分的警惕。

抱怨的人很少积极想办法去解决问题，不认为主动独立完成工作是自己的责任，却将诉苦和抱怨视为理所当然。其实这样的抱怨毫无意义，至多不过是暂时的发泄，结果什么也得不到，甚至会失去更多的东西。一个将自己的头脑装满了过去时态的人是无法容纳未来的。聪明的做法是停止计较过去，不要对自己所遭遇的不公正待遇耿耿于怀。

现在一些刚刚从学校毕业的年轻人，由于缺乏工作经验，无法被委以重任，工作自然也不是他们所想象的那样体面。然而，当老板要求他去做应该负责的工作时，他就开始抱怨起来："我被雇来不是要做这种活的。""为什么让我做而不是别人？"对工作就丧失了起码的责任心，不愿意投入全部力量，敷衍塞责，得过且过，将工作做得粗陋不堪。长此以往，嘲弄、吹毛求疵、抱怨和批评的恶习，将他们卓越的才华和创造性的智慧悉数吞噬，使之根本无法独立工作，成为没有任何价值的员工。

一个人一旦被抱怨束缚，不尽心尽力，应付工作，在任何单位里都是自毁前程。

中软国际副总裁林惠春先生说："抱怨是失败的一个借口，是逃避责任的理由。这样的人没有胸怀，很难担当大任。"

抱怨和嘲弄是慵懒、懦弱无能的最好诠释，它像幽灵一样到处游荡扰人不安。如果你想有所作为，如果你想让自己变得优秀，不妨在遇到不公或是心情郁闷想要发泄时多问一下自己"我抱怨什么？有什么可值得我去抱怨的"，然后平静地将答案告诉自己。

 职场行走指南

【职场情商训练7法】

1. 把看不顺的人看顺；2. 把看不起的人看起；3. 把不想做的事做好；4. 把想不通的事想通；5. 把快骂出的话收回；6. 把咽不下气的咽下；7. 把想放纵的心收住。——你不需每时每刻这样做，但这样多做几回，你就会：1. 情商高了；2. 职位升了；3. 工资涨了；4. 人爽了。

不要以为小错就不是错

只要你仔细观察就会发现，成功者从来不会因为错误小就放过错误，而失败者往往把小错不当成是错。

现实生活中，有很多年轻人好高骛远，不能踏踏实实地工作，工作中出现一些小问题也不愿深究，听之任之。他们认为：如果我所犯的错误性质十分严重，我一定会承认的；如果是芝麻大的一点小错，再那么认真地计较，难免有点小题大做，根本没有这个必要。如果你也是这样看待错误的，那就大错特错了。

巴西海顺远洋运输公司派出的救援船到达出事地点时，"环大西洋号"海轮已经消失了，21名船员不见了，海面上只有一个救生电台有节奏地发着求救的信号。救援人员看着平静的大海发呆，谁也想不明白在这个海况极好的地方到底发生了什么，从而导致这条最先进的船沉没。这时有人发现电台下面绑着一个密封的瓶子，打开瓶子，里面有一张纸条，用21种笔迹这样写着：

一水汤姆：3月21日，我在奥克兰港私自买了一个台灯，想给妻子写信时照明用。

二副瑟曼：我看见汤姆拿着台灯回船，说了句"这小台灯底座轻，船晃时别让它倒下来"，但没有干涉。

三副帕蒂：3月21日下午船离港，我发现救生筏施放器有问题，就将救生筏绑在架子上。

二水戴维斯：离岗检查时，发现水手区的闭门器损坏，用铁丝将门绑牢。

二管轮安特尔：我检查消防设施时，发现水手区的消防栓锈蚀，心想还有几天就到码头了，到时候再换。

船长麦特：起航时，工作繁忙，没有看甲板部和轮机部的安全检查报告。

机匠丹尼尔：3月23日上午，汤姆和苏勒的房间消防探头连续报警。我和瓦尔特进去后，未发现火苗，判定探头误报警，拆掉交给惠特曼，要求换新的。

机匠瓦尔特：我就是瓦尔特。

大管轮惠特曼：我说正忙着，等一会儿拿给你们。

服务生斯科尼：3月23日13点，到汤姆房间找他，他不在，坐了一会儿，随手开了他的台灯。

大副克姆普：3月23日13点30分，带苏勒和罗伯特进行安全巡视，没有进汤姆和苏勒的房间，说了句"你们的房间自己进去看看"。

一水苏勒：我笑了笑，也没有进房间，跟在克姆普后面。

一水罗伯特：我也没有进房间，跟在苏勒后面。

机电长科恩：3月23日14点，我发现跳闸了。因为这是以前也出现过的现象，没多想，就将闸合上，没有查明原因。

三管轮马辛：闻到空气不好，先打电话到厨房，证明没有问题后，又让机舱打开通风阀。

大厨史若：我接马辛电话时，开玩笑说："我们在这里有什么问题？你还不来帮我们做饭？"然后问乌苏拉："我们这里都安全吗？"

二厨乌苏拉：我也感觉空气不好，但觉得我们这里很安全，就继续做饭。

机匠努波：我接到马辛电话后，打开通风阀。

管事戴思蒙：14 点 30 分，我召集所有不在岗位的人到厨房帮忙做饭，晚上会餐。

医生英里斯：我没有巡诊。

电工荷尔因：晚上我值班时跑进了餐厅。

最后是船长麦特写的话：19 点 30 分发现火灾时，汤姆和苏勒的房间已经烧穿，一切糟糕透了，我们没有办法控制火情，而且火越烧越大，直到整条船上都是火。我们每个人都犯了一点错误，但酿成了人毁船亡的大错。

看完这张绝笔纸条，救援人员谁也没说话，海面上死一样的寂静，大家仿佛清晰地看到了整个事故的过程。

现实工作中的失败，常常不是因为"十恶不赦"的错误引起的，而恰恰是那些一个个不足挂齿的"小错误"积累而成的。一位伟人曾经说过："轻率和疏忽所造成的祸患将超乎人们的想象。"排除掉一些偶发的重大事故与损失，存在于日常工作中的马虎轻率，更是不胜枚举。在企业中，许多员工工作态度积极，接受任务坚决，有很高的志向，但却因疏于小节，经常对工作中存在的小问题懒得思考，遗漏的隐患不去克服，出现的小麻烦不能及时剔除，最终只能在自己所设定的工作目标面前望洋兴叹。

一位勇者发誓要排除万难，攀登一座高峰。于是在众人期待的目光中，他出发了。然而，他最终却以失败告终，出人意料的是，让他放弃的原因只是鞋中的一粒沙子。

工作中任何一个细节出了差错，都会事关全局。牵一发而动全身，每一件细小的事情所产生的后果都会被不断扩大，它们就不再是微不足道的小事情。

在一次登月行动中，美国的飞船已经到达月球却无法着陆，最终以失败而告终。事后，科学家们在查找原因时发现，原来是因为一节价值仅30美元的电池出了问题。起飞前，工程人员在做检查工作时，只重点检查了"关键部位"却把它给忽略了。结果，一节30美元的电池让几十亿美元的投资和科学家们的全部心血付诸东流。

没有什么事是不可能的，任何一个小小的错误都有可能引起严重的甚至致命的后果，造成不可挽回的损失。因此，不要以为小错就不是错，应该不断反省和改正这些小错。假如你总是无视小错，而不去关注它、改正它，那么，失败必然会在离你不远的地方等着你。

 职场行走指南

【白领常用四种心理法术】

1. 友善术，友善的心态能使神经系统处于最佳状态，提高控病能力；2. 宽心术，营造有利自己的宽松环境，保持心情舒畅。3. 戒逸术，克服消极情绪，选学一门艺术，每日安排一些锻炼；4. 敬业术，乐于工作，从工作中获得满足；5. 安详术，安定情绪，保持思想清净。

卓越来自平时的积累

俗语说：罗马不是一天建成的。实现人生的目标也绝非一蹴而就，它是一个不断积累的过程。矢志追求者必须勇于从平凡中崛起，在长期的积累中丰富人生智慧，孕育自己的优秀。

在1984年的东京国际马拉松邀请赛中，名不见经传的日本选手山田本一出人意外地夺得了冠军。当记者问他是如何取得如此惊人的成绩时，他说了这么一句话：用智慧战胜对手。当时许多人都认为这个偶然跑到前面的矮个子选手是在故弄玄虚。马拉松赛是体力和耐力的运动，只要身体素质好又有耐性就有望夺冠，爆发力和速度都在其次，说用智慧取胜简直有些开玩笑的意思。于是，当时的报纸充满了对山田本一的嘲讽。

没想到两年后，在意大利国际马拉松邀请赛上，山田本一代表日本参加比赛。这一次，他又获得了冠军。

这次记者又请他谈经验。他回答的仍然是上次那句话：用智慧取胜。面对这位名将，这次记者在报纸上没再挖苦他，但对他所谓的智慧仍迷惑不解。

10年后，这个谜终于被解开了，他在自传中是这么说的：每次比赛时，我都要乘车把比赛的线路仔细地看一遍，并把沿途比较醒目的标志画下来，比如第一个标志是银行；第二个标志是一棵大树；第三个标志是一座红房子……这样一直画到赛程的终点。

比赛开始后，我就以百米的速度奋力地向第一个目标冲去，等到达第一个目标后，我又以同样的速度向第二个目标冲去。40多公里的赛程，就被我分解成这么几个小目标轻松地跑完了。起初，我并不懂这样的道理，我把我的目标定在40多公里外终点线上的那面旗帜上，结果我跑到十几公里时就疲惫不堪了，我被前面那段遥远的路程给吓倒了。

在现实生活中，我们做事之所以会半途而废，这其中的原因，往往不是因为难度较大，而是觉得成功离我们较远，确切地说，我们不是因为失败而失败，而是因为倦怠而失败。

如果我们按照山田本一的方法和智慧处理生活，一生中也许会减少许多懊悔和惋惜。把目标与日常的工作结合起来，这样才能使自己的人生价值得以实现，而不要让自满、消极、得过且过等念头磨损了斗志，一辈子做一个可有可无的庸人。

同样的智慧，美国一位老太太则说得更为直接。

美国有位84岁的老太太，1960年从纽约市步行到了佛罗里达州的迈阿密市。经过长途跋涉，克服了种种困难，她到达了终点。老太太的壮举在当时轰动了整个美国，人们为她的成就感到自豪，也感到不可思议。

在迈阿密市，有位记者采访了她。记者想知道，路途中的艰难是否曾经吓倒过她？她是如何鼓起勇气，徒步旅行的？

老人答道："走一步路是不需要勇气的，我所做的就是这样。我先走了一步，接着再走一步，然后再走一步，我就到了这里。"

我们也是一样，要实现卓越的人生，就要注重在平时工作中的积累。为了要达成大目标，就要先设定小目标，这样会比较容易达到目的。许多人会因目标过于远大，或理想太过崇高而轻易放弃，这是很可惜的。若设定了小目标，便可较快获得令人满意的成绩。你在逐步完成"小目标"时，心理上的压力也会随之减小，大目标总有一天也能完成。

已经去世的网坛名将亚瑟·艾虎大家一定很熟悉。他在生命后期，曾全力与艾滋病抗争，来唤起人们对这个"人类杀手"的重视。

但艾虎的伟大之处并不仅仅是在这里。在他之前，网球界一直是白人的天下，艾虎是打破网球界人种限制的第一人。

艾虎的成功是一个不断积累的过程。他的一生可以说是一个不断设定目标并完成的过程。他通过不断订立目标的方法，使自己登上了网球的王座。他说："我早期的教练常定下清楚明确的目标，正是我愿意遵循的。这些目标不见得一定要像赢得巡回赛这么重大，而是将一些有待克服的困难、需要努力和做计划的事定为目标。如果能达成这个目标，一定会有某种收获。当然，不是只有赢得巡回赛才可以作为目标的，往往一些小目标渐渐一个个地达成后，我自己都会意外地发现，嘿！大奖离我越来越接近了！"

艾虎一直以这种方式参加高难度的比赛。他说："参加巡回赛，你总想能进入复赛。比赛时，你总希望漏接的反手球不超过某个数字。或者是你必须锻炼体力到一定的程度，气候太热时，你才不至于很快就感到疲倦。这一类的小目标，可以帮助你把成为世界第一或赢得巡回赛这类的远大目标分解为几个较易达成的小目标。"

艾虎一生都以这种方式过日子。他实现一个具体的目标，就再订立一个新的目标。他说："每次你订立一个目标，然后完成那个目标，其实就是一个不断增强自信的过程。"自信能改变一个人，自信也能扩散到生活中很多不同的层面。不但你对自己的专长更有自信，而且还会对很多其他的事提高信心，相信自己也可以做得到，因此大可运用在其他工作或另外一组目标上。

成功学大师卡耐基说，成功人士和平庸之辈的差别，就在于前者注重积累，注意利用身边的每一件点滴小事锻炼自己，将生活中一个个平凡的目标当成自己实现卓越的阶梯。而平庸之辈只会好高骛远，轻率冒进，或者因为目标过于困难而放弃了奋争的勇气。

 职场行走指南

【提高个人效率的黄金技巧】

1.将自己的表拨快10分钟；2.为目标设定1-2-3这样的优先级；3.把大目标细分为可以立刻执行的小任务；4.第一次就做对；5.每天自学1小时，一年365小时，3年就可以成为专家；6.每周5天，每天花5分钟改进自己的工作，在5年里将使同一个工作被改进1200余次。

避免陷入"瞎忙"的陷阱

人在工作中难免会被各种琐事、杂事纠缠，不少人由于不能高效能地管理好自己的工作时间，整天忙得自己筋疲力尽，心烦意乱，不仅腾不出时间做最该做的事，有时还被那些看似急迫的事所蒙蔽，根本就不知道哪些是自己最应该做的事，结果天天忙忙碌碌，月月碌碌无为，白白浪费了大好时光。

一位成功心理学研究专家说："好的员工，首先是一个好的时间管理者。"

一位从事管理工作多年的某企业 CEO 说："所谓优秀的人，绝对是一个在自己时间上的优秀利用者。"

时间是人生最初的财富。一个人刚来到世上时，时间是他唯一的财富。时间同时也是世界上最公平的东西，富人和穷人每天所分配的时间都是 24 小时。只不过有的人会善加利用，有的人任意挥霍。因此，对于一个人来讲，若不会管理自己的时间，永远不可能成为一个优秀的人。

工作是很多的，时间却是有限的。不会合理地使用时间，计划再好，目标再高，能力再强，也不会产生好的结果。一个人在时间管理上表现无能，在工作上必然也会表现无能。所以，一个人要想使自己优秀，必须要学会管理好自己的时间，不被动地让时间牵着鼻子走，而是主动地把握时间、规划时间，让有限的时间发挥最大的效用。

你在为谁工作
Who Are You Working For

一位世界 500 强企业的老总曾说："我不喜欢看见报纸、杂志和闲书在办公时间出现在员工的办公桌上。我认为这样做表明他并不把公司的事情当回事，他只是在混日子。如果你暂时没事可做，为什么不去帮助那些需要帮助的同事呢？"

会不会利用时间不是单纯地看某个人在工作时间内是不是忙个不停。有很多人，从早忙到晚，不但在工作时间忙个不停，而且经常加班加点。表面上看，他好像很努力，很会利用时间，但事实上并非如此。很多从早到晚忙个不停的人的工作绩效并不突出，有些还相当低。你要问他们为什么，"事情太多，忙不过来，没时间。"他们一准会这么回答。

然而事实并非如此。有个学生向老师抱怨说："我的时间总不够用。"

于是，老师找来一只箱子，里面放了些大石头，此时箱子看来是满的。但是老师又让学生放一些弹珠进去，石头的缝隙中竟可以放许多弹珠。这样一来，似乎箱子又满了。但是老师又要学生倒入一桶细砂，等细砂也塞不下时，居然还可以倒入一盆水。

最后老师对学生说："你看到箱子满了，但却仍然可以再放入东西。你似乎觉得时间已排得满满的，但其中还有一些闲散的时光可以利用。"

时间是世界上一切成就的土壤。时间给把握不住它的人痛苦，给牢牢将它攥在手心的人幸福。

美国一大公司的董事长赖福林就是一个有效利用时间的能手。

他每天清晨 6 点之前准时来到办公室，先是默读 15 分钟经营管理哲学的书籍，然后便全神贯注地思考本年度内必须完成的重要工作，以及所需采取的措施和必要的制度。接着开始考虑一周的工作，这是一项十分重要的工作。他把本周内所要做的事情一一列在黑板上。之后就在去餐厅与秘书一起喝咖啡时，把这些考虑好的事情——小至职工的孩子入托，大到公司的大政方针和计划，几乎他认为重要的事情都一起商量一番，然后做出决定，由秘书具体操办。

赖福林的时间管理法，极大地提高了自己的工作效率，推动了企业整体绩效的提高。

著名的二八定律告诉我们：应该用 80% 的时间做能带来最高回报的事情，而用 20% 的时间做其他事情。把这个定律融入工作当中，对最具价值的工作投入充分的时间，就可使自己避免陷入"瞎忙"的陷阱。

要想有效管理自己的时间，可以尝试按照下面几点去做：

1. 分清主次，有计划地做事。对一天的工作，要先进行整理，看看哪些是既重要又紧急的，哪些是重要而不紧急的，哪些是不重要而紧急的，哪些是既不重要也不紧急的，分清事情的主次，该先做哪件事，后做哪件事，做到有的放矢，从容不迫。

2. 正确处理突如其来的杂事。对待突然插过来的无关紧要的电话、突然出现在桌上的文件等杂事小事，要敢于说"NO"，或者暂时放到一边，别打乱了自己的工作思路和计划。

3. 用合并同类项的方法做事。在同一时间段里，把几件事情的发生地点都圈在同一区域内，尽可能搭顺风车，也可以利用别人提供的顺便机会，搭客户 A 的车去见客户 B，少走弯路，减少无谓的时间消耗。

4. 专事专办。在做一些重要而棘手的事时，专门设立一个时间段，在这个时间段内，要避免打扰，更不能改变初衷去做别的事。

5. 事情总要一件一件地做。先集中精力做好一件事，然后再去做下一件事，这样才能保持头脑清醒。

6. 充分利用时间使每一分钟都有所收益，还要学会与浪费时间的人划清界限，有些人总是整天无所事事，参与他们的无聊对谈，就休想成为一名有效利用时间的高手。如果有人找来，希望和你聊上一阵，可以直截了当地拒绝他，让他明白现在不是闲聊的时间。

大多数重大目标无法达成的主因，就是因为人们把大多数时间都花在次要的事情上。所以，必须建立起优先顺序，然后坚守这个原则。

 职场行走指南

【工作中浪费时间的几大原因】

1. 干扰太多：做事时容易被琐事打断；2. 效率不高：心态不好做事效率低下；3. 忘事儿：不经意就把重要的事忘了；4. 没动力：做事只是为了应付；5. 拖延：不怎么想做的总向后拖；6. 不分轻重：忙了一天可能做的都是不重要的事。

你在
为谁工作
Who Are You Working For

第七章
你是否只做上司吩咐的工作

今天每一个老板要找的人，基本上是同样的——能积极主动去工作的人。作为积极行动、推动公司前进的人，将赢得他人的尊敬，有更多机会承担更重要、更有挑战性的工作，而报酬和奖赏也将接踵而至。

老板不在，你要干得更好

一个优秀员工的表现应该是这样的——无论老板在不在，他都会一如既往地努力工作，因为他知道，工作并不是做给老板看的，他对自己的要求，常常比老板还严格。

老板不在的时候，也是容易放松自己的时候，可是，无论老板在不在，你勤奋工作都应该是发自内心的，你的每一个业绩都是自己努力的结果，你不能仅仅是做出样子来给老板看，老板要的是实际的业绩和工作效果。

当老板不在的时候，一般公司里会有三种员工：第一种员工积极自律，比老总在的时候更加认真负责地工作；第二种员工严谨慎重，老总在与不在一个样；第三种员工两面三刀，老总在时是龙，老总不在时是虫。你是哪一种呢？或者，你认为哪种员工更会有前途呢？毫无疑问，是第一种员工。

你的任何努力都是在为你的成长和进步积累资本，尽管表面上是为公司工作，实际却是为自己工作。不仅工资和奖金要靠自己的工作业绩来换取，个人在公司的地位升迁、人格提升和品行锻造无一不是自身努力的结果。

林月是一家公司的销售部经理，他讲过这样一段经历：前一阵，他的公司新推出了一个产品，为了争取更大的市场份额，准备对经销商大幅让利，并且找一家信誉好的经销商合作。

林月作为销售部经理，准备到几家公司联系业务。他先到了第一家公司，当他表明他前来的意图时，一位负责接待他的女员工微笑着对他说："对不起，我们老总出差去了，我们做不了主。"

林月听了有一点失望，但还是继续向她介绍公司的产品，以及如何进行渠道开拓的设想，试图得到那位女员工的理解和回应。但是令他失望的是，不管他说了多少次，对方虽然仍是笑脸相迎，可是还是那一句："对不起，老总不在，我们做不了主。"

无奈之下，林月只得去了另一家公司，巧得很，这家公司的老总也不在。正当他失望时，接待他的员工却主动向他询问新产品的信息，于是林月向她进行了详细的介绍。

最后这位员工说："我觉得这是个不错的项目，可是您看我们老总碰巧不在，这样吧，您明天能不能送几个样品过来，我和老总联系一下，具体的事宜等老总回来以后再详谈。"

就这样，双方谈得都很愉快，第二天，林月送去了样品，那位员工已经和老总通了电话，她的老总也很看好这个项目，就令她负责这件事，先进一批货试销。

结果，因为上货及时，整个市面上只有这一家公司经营，货品还不到一个月就销售一空，这家公司净赚了 10 多万元。老总很高兴，决定再进一批货。

就在这个时候，林月去的第一家公司给他打来电话，希望也进一批货，可是此时库里的货存有限，加上林月对第一家公司的印象也不太好，所以还是把所有的货都给了第二家公司。

后来，林月把这件事告诉了第二家公司的老总，老总当然非常高兴，对自己的这名员工很是满意，不仅在公司全员大会上表扬了她，并且对她进行了提拔与奖励。

你在为谁工作
Who Are You Working For

　　每个老板所希望的是这样的员工：无论他在与不在的时候，都一样努力，一样忠实可靠，甚至在无人监督的情况下，仍然会卖力工作。而那些迅速晋升的人，往往随时随地都会考虑企业的利益，他会替老板分担工作，竭尽全力来协助老板去实现经营计划。

　　所以，在工作中要获得成功的秘诀有三条：一、忠于自己的职责，诚实可靠；二、随时随地考虑企业的利益；三、刻苦耐劳，全力以赴。

　　如果你希望尽快晋升，早些获得较高的职位，那就不要养成非监督逼迫不能好好工作的恶习。你必须主动去做好每件事情，你还必须调动你所有的创造力、洞察力、执行力，去迅速地解决随时随地产生的问题。做任何职业，你都不能这样想："只要照着上司的吩咐去执行，按部就班去做就可以了。"

　　你要认真观察周围的事情，其中有很多事是可以不必等上司吩咐就应该去做的。如果对于这些事，你这样想"反正老板不在这里，就省省力气吧"，那你的前途就岌岌可危了。事事马马虎虎，处处投机取巧，时时都认为自己所耗的精力和时间已经大大超过薪水的酬报，因为没有额外的津贴便不再多加努力，也不肯多提一些如何改善经营的建议；对于同事，也表现出冷淡、轻视的态度，还常常对同事们说不要白白替老板效劳，这样的人，无论学识多高、本领多大，也绝不会有出人头地的一天。

　　当老板不在的时候，你就是自己的老板。不管老板在不在，也不管别人有没有看到，自己一定要努力，因为这样做了以后，收获最大的是你自己。不要以为那是公司的事情，所以能不管就不管，这恰恰是对自己最大的不负责任。

职场行走指南

【最没前途下属的五大特征】

1.藐性：目空一切自大不凡，喜评头论足或离群桀骜；2.奴性：没有独立思考，什么都听上司的，视为奴性；3.惰性：上司拨一下你动一下，不知道该主动做，视为惰性；4.推卸责任：混不好怪上司、怪职场、怪社会，视为推卸责任；5.企鹅型：又丑又呆又笨又不思上进。

以老板的心态对待工作

美国钢铁大王卡内基曾说："无论在什么地方工作，都不应把自己只当作公司的一名员工——而应该把自己当成公司的老板。"

就一般情况而言，老板与员工最大的区别就是：老板把公司的事情当作自己的事情，员工则喜欢把公司的事情当作老板的事情。

在这两种不同心态的驱使下，他们工作的方式不可同日而语。老板不用说，任何关于公司利益的事情他都会去做。但是员工在公司里却往往只做那些分配给他们的事情，对于其他职责外的工作，他们会很自然地用"那不是我的工作"、"我不负责这方面的事情"来推脱。如此，在公司上班的 8 小时之内他们为公司工作，下班之后就完全与公司没有任何关系了。

在任何一家公司中，这样的人都不在少数，他们在脑海里把公司和自己分得很开，除非被领导重用，否则他们很难把自己看成公司里一个重要的组成部分。因此，这些人也一定融入不了公司，更成不了公司优秀的员工。

利尔在一家快速消费品公司已经工作了两年，一直是不温不火的状态，待遇不高，但也还过得去，用他的话讲就是："这工作不用人操多少心，薪水也马马虎虎过得去。"但在最近和一些老朋友交流的过程中，他发现大家都发展得不错，好像都比自己好，这使得他开始对自己目前的状态不满意了，考虑怎么和老板提加薪或者找准机会跳槽。

终于，他找了一次单独和老板喝茶的机会，开门见山地向老板提出了加薪的要求。老板笑了笑，并没有理会。于是，他对工作再也打不起精神来，开始敷衍应付起来。一个月后，老板把他的工作移交给其他员工，大概是准备"清理门户"了。他赶紧知趣地递交了辞呈。

可令他始料未及的是，接下来的几个月里，他并没有找到更好的工作，招聘单位开出的待遇甚至比原来的还差了。

"今天工作不努力，明天努力找工作。"利尔的经历是对这句话最好的印证。

戴尔·卡耐基说："仅仅'喜爱'自己的公司和行业是远远不够的，必须每天的每一分钟都沉迷于此。"一个以老板心态对待自己工作的人，无论自己的职位如何卑微，所从事的工作如何微不足道，都会以超强的热情和敬业的态度捍卫公司的荣誉。

日本的著名企业家井植薰说："对于一般的职工，我仅要求他们工作8小时。也就是说，只要在上班时间内考虑工作就可以了。对于他们来说，下班之后跨出公司大门，爱干什么就可以干什么。但是，我又说，如果你只满足于这样的生活，思想上没有想干16个小时或者更多的念头，那么你这一辈子可能永远只能是一个一般的职工。否则，你就应当自觉地在上班以外的时间多想想工作，多想想公司。"

微软总裁比尔·盖茨在被问及他心目中的最佳员工是什么样时，他也强调了这样一条：一个优秀的员工应该对自己的工作满怀热情，当他对客户介绍本公司的产品时，应该有一种"传教士传道般的狂热"。只有一个把自己的本职工作当成一门事业来做的人才可能有这种热情，而这种热情正是驱使一个人去获得成就的最重要的因素。

所有的老板都一样，他们都不会青睐那些只是每天8小时在公司得过且过的员工，他们渴望的是那些能够真正把公司的事情当作自己的事情来做的员工，因为这样的职工任何时候都敢作敢当，而且能够为公司积极地出谋划策。一个员工，如果你真正热爱这个公司的话，你就应该把公司的事情当成自己的事情。

什么样的心态将决定我们过什么样的生活。当你具备了老板的心态，你就会去考虑企业的成长，就会去考虑企业的明天，就会感觉到企业的事情就是自己的事情，就知道什么是自己应该去做的、什么是自己不应该去做的，就会像老板一样去思考，就会像老板一样去行动。

假设一下，如果你是老板，你对自己今天所做的工作完全满意吗？别人对你的看法也许并不重要，真正重要的是你对自己的看法。回顾一天的工作，扪心自问一下："我是否付出了全部的精力和智慧？"

以老板的心态对待公司，你就会成为一个值得信赖的人，一个老板乐于雇用的人，一个可能成为老板得力助手的人，一个和老板一样的人。

 职场行走指南

【如何搞定你的上司】

1.如何应对结果型上司：工作务实、注重结果、不拘一格；
2.如何应对细节型上司：中规中矩、关注细节、思而后行；3.如何应对机会型上司：灵活机动、多维思考、多推动，少牵引；4.如何应对整合型上司：准备充分、建立关系、耐心。

不必老板交代，主动负起责任

在大多数情况下，许多人都不愿意承担责任。在工作的过程中，他们假装不知道有责任和任务的存在，当事情中途出现了糟糕的局面后，便推说自己并不知道有关的任务或责任，以此来逃避，或者推卸自己应该承担的责任。

广东有一家公司，公司总裁精力旺盛，精明干练，而且对流行趋势的反应极其敏锐。但或许也正因为如此，他在对公司的管理上十分独裁，不仅对下属总是颐指气使，而且很少给他们独当一面的机会，因此公司很多很有能力的人都成了奉命行事的小角色，连主管也不例外。在这种环境下，公司内几乎所有主管都离心离德，大多数员工一有机会便聚集在走廊上大发牢骚。乍听之下，不但言之有理而且用心良苦，仿佛全心全意为公司着想。只可惜他们光说不练，以上司的缺失作为自己工作不力的借口。

然而，有一位主管却不愿向环境低头。他并非不了解顶头上司的缺点，但他的回应的不是批评，而是设法弥补这些缺失。上司颐指气使，他就加以缓冲，减轻下属的压力，又设法配合上司的长处，把努力的重点放在能够着力的范围内。

受差遣时，他总尽量多做一步，设身处地体会上司的需要与心意。如果奉命提供资料，他就附上资料分析，并根据分析结果提出建议。

有一次，总裁外出。在那天半夜里，保安紧急通知几位主管，公

171

司前不久因违纪开除的三个员工纠集外面一帮"烂仔"打进厂里来了，已打伤了数个保安和员工，砸烂了写字楼玻璃门。其他几位主管因为对总裁心怀不满又不愿担负责任，就干脆装作不知道。而当那位积极主动的主管接到通知后，立刻赶赴现场，他首先想到的就是报警，接着又请求治安员火速增援。为控制局面，他用喇叭喊话，同对方谈判，稳住对方，直到警察赶来将这帮肇事者一网打尽。

这件事情过后，他赢得了其他部门主管的敬佩与认可，总裁也对他极为倚重，公司里任何重大决策必经他的参与及认可。

作为公司的一员，拿着公司的薪水，就应该把公司的事业当成自己的事业，站在公司的立场上以高度的热情和责任心做好自己的工作，这样才能把自己的工作做好，否则就会落于平庸。

很多事不必老板交代，也要把它们当成自己应该履行的职责。认真、负责地把它处理妥当，为公司消除隐患，出谋划策；这样，才有机会使自己得到更大的发展。

小谢是一家大型企业的质检员。有一次，他看见公司的一位宣传员在为公司编撰一本宣传材料。但是，他发现这位宣传员文笔生疏，缺乏才情，编出来的东西无法引起别人的阅读兴趣。因为平时喜爱阅读，有些文采，小谢便主动编出一本几万字的宣传材料，送到了那位宣传员的面前。那位宣传员发现，小谢所编撰的这一本材料文笔出众而翔实，远超过自己的水平。大喜过望，他舍弃了自己所编的东西，把小谢所编的这一本材料交给了总经理。总经理详细地把这本宣传材料看过一遍之后，把那位宣传员叫到了自己的办公室。

"这大概不是你做的吧？"总经理问那位宣传员。

"不……是……"那位宣传员有些战栗地回答。"是谁做的呢？"经理问道。"是车间里的一位质检员。"宣传员回答。"你叫他到我办公室来一趟。"经理指派宣传员找来小谢。"小伙子，你怎么想到把宣传材料做成这种样子？"经理问他。

"我觉得这样做，既有益于对内部员工进行宣传，灌输我们的企业文化、理念和管理制度，更有益于对外扩大我们企业的声誉，加强我们的企业品牌，有利于产品的销售。"小谢说。

总经理笑了笑说："我很喜欢它。"这次谈话没几天，小谢被调到了宣传科任科长，负责企业的对外宣传。不到一年时间，他因为在工作中表现出色，被调到总经理办公室担任助理。

很多时候，虽然我们没有义务做自己职责范围以外的事，但是，在工作的过程中，只要事关公司的事务，我们就不应该置身事外，袖手旁观。尽管做这些职务范围以外的事务，会占用我们宝贵的时间，但我们的行为，将会为我们赢得良好的声誉。

机会总是乔装成"问题"的样子，以职责范围外的形式来到我们的面前，当我们以主动的心态去面对时，它们就会在我们手中。

 职场行走指南

【心大业大】

1.心存希望，幸福就会降临你；2.心存梦想，机遇就会笼罩你；3.心存坚持，快乐就会常伴你；4.心存真诚，平安就会跟随你；5.心存善念，阳光就会照耀你；6.心存美丽，温暖就会围绕你；7.心存使命，能量就会涌向你；8.心存大爱，崇高就会追随你。

不要只做老板吩咐你做的事

在现代社会，虽然听命行事的能力相当重要，但个人的主动进取精神更应受到重视。许多公司都努力把自己的员工培养成主动工作的人。所谓主动工作，就是没有人要求你、强迫你，却能自觉而且出色地做好需要做的事情。

著名企业家奥·丹尼尔在他那篇著名的《企业对员工的终极期望》一文中这样说道：

"亲爱的员工，我们之所以聘用你，是因为你能满足我们一些紧迫的需求。如果没有你也能顺利满足要求，我们就不必费这个劲了。我们深信需要一个拥有你那样的技能和经验的人，并且认为你正是帮助我们实现目标的最佳人选。于是，我们给了你这个职位，而你欣然接受了。谢谢！

在你任职期间，你会被要求做许多事情：一般性的职责、特别的任务、团队和个人项目。你会有很多机会超越他人，显示你的优秀，并向我们证明当初聘用你的决定是多么明智。然而，有一项最重要的职责，或许你的上司永远都会对你秘而不宣，但你自己要始终牢牢地记在心里。那就是企业对你的终极期望——永远做非常需要做的事，而不必等待别人要求你去做。"

任何老板都希望自己公司的员工有一种主动精神，那些能沉浸在工作状态中、独立自主地把事情做好的员工——无论他们的背景、训练或技能如何——无疑将会成为老板最需要的人。

两个同龄的年轻人同时受雇于一家零售店铺，并且拿同样的薪水。可是做了一段时间之后，名叫约翰的小伙子青云直上，而那个名叫汤姆的却仍在原地踏步。汤姆很不满意老板的不公正待遇，终于有一天忍不住跑到老板那儿发牢骚。老板一边耐心地听着他的抱怨，一边在心里盘算着怎样向他解释清楚他和约翰之间的差别。

"汤姆，"老板开口说话了，"你到集市上去一下，看看今天早上都有什么货。"

汤姆从集市上回来向老板汇报说："今早集市上只有一个农民拉了一车土豆在卖。"

"有多少？"老板问。

汤姆赶快戴上帽子又跑到集市上，然后回来告诉老板一共40袋土豆。

老板问："价格是多少？"汤姆又第三次跑到集市上问了价格。

"好吧，"老板对他说，"现在请你坐到这把椅子上一句话也不要说，看看别人是怎么做的。"

于是老板叫来约翰，对他说："你到集市上去一下，看看今天早上都有什么货。"

约翰很快就从集市上回来了，并汇报说："到现在为止只有一个农民在卖土豆，一共40袋，价格是每斤0.75元，质量很不错。"他还带回来一个让老板看看。他又告诉老板说，昨天那个农民铺子里的西红柿卖得很快，库存已经不多了。他想这么便宜的西红柿老板肯定想购进一些，所以他不仅带回了一个西红柿做样品，而且把那个农民也带来了，他现在正在外面等回话呢。

此时老板转向了汤姆，说："你现在肯定知道为什么约翰的工资比你高了吧？"

汤姆面红耳赤，哑口无言。

凡是主动工作的人，必将获得工作所给予的更多的奖赏。约翰的主动和细致体现了一种高度的工作责任心，及其为人处世的良好品质，正是这些，为他赢得了老板的信任，在工作中创造出了更为广阔的发展空间。而与他形成鲜明对比的汤姆，是那种典型的只做老板交代的事的人。这种人不但不会主动去做老板没有交代的工作，甚至连老板交代的工作也要在一再的督促下才能勉强做好。这样的人或许可以躲过裁员，却很难得到晋升的机会。道理很简单，如果你只是尽本分，或者唯唯诺诺，对公司的发展前景漠不关心，你就无法获得额外的报酬，你只能得到属于你应得的那一部分——当然，这比你想象的要少。

如果你想获得更多的报酬，得到更大的发展空间，你就必须永远保持主动率先的精神，即使面对缺乏挑战或毫无乐趣的工作。当你养成了这种主动工作的习惯之后，你就可以用行动证明自己是一个勇于承担责任、值得信赖的人，一个有可能成为企业家和管理者的人。

一个来自偏远山区的打工妹，由于没有什么特殊技能，于是选择了餐馆服务员这个职业。在常人看来，这是一个不需要什么技能的职业，只要招待好客人就可以了。许多人已经从事这个职业多年了，但很少有人会认真投入这个工作，因为这看起来实在没有什么需要投入的。

这个小姑娘恰恰相反，她从一开始就表现出了极大的耐心，并且彻底将自己投入到工作之中。一段时间以后，她不但能熟悉常来的客人，而且掌握了他们的口味，只要客人光顾，她总是千方百计地使他们高兴而来，满意而去。她不但赢得了顾客的交口称赞，也为饭店增加了收益——她总是能够使顾客多点一两道菜，并且在别的服务员只能照顾一桌客人的时候，她却能够独自招待几桌的客人。

就在老板逐渐认识到其才能，准备提拔她做店内主管的时候，她却婉言谢绝了这个任命。原来，一位投资餐饮业的顾客看中了她的才干，准备与她合作，资金完全由对方投入，她负责管理和员工培训，并且郑重承诺：她将获得新店 25% 的股份。

现在，她已经成为一家大型餐饮企业的老板。

一个普通的餐馆服务员之所以能够脱颖而出，关键在于她充分发挥了自己的积极性与主动性。在本职工作之外，她思考更多的是如何完善服务和实现服务的突破，而不是只做一些老板交代的事。相比那些只知道招呼客人的服务员而言，她的积极主动无疑是使自己获得发展机遇的最大原因。

现代社会，激烈的竞争环境呈现出越来越多的变数，在快节奏的商战中，即便能力再强的老板也不可能面面俱到。因此，任何一个公司都需要主动做事的员工，而那些事事等待老板吩咐的员工，就好像站在危险的流沙上，早晚会被淘汰。

 职场行走指南

【你适合做执行吗？】

三种人：小聪明的人、追求完美的人、思考过度的人。1. 小聪明永远在找捷径，不会认真执行；2. 追求完美的人往往把事越做越复杂，结果一定是放弃；3. 思考过度的人不屑于行动，他们一生都在思考如何爬山，但就是不爬山。结论：要执行，学阿甘！

职场中没有"分外"的工作

职场中没有"分外"的工作，要想登上成功之梯，你必须永远保持主动率先的精神，这种额外的工作可以使你对本行业拥有一种宽广的眼界，与此同时获得更多的机会。要知道，超过别人所期望你做的，会使自己更容易如愿以偿。所有事业成功的人和工作平庸的人之间最本质的差别在于：成功者将工作当作一种储备，多多益善，而工作平庸的人则死守职责，对职责外的工作置若罔闻。

美国船王罗伯特·达拉有一位得力助手是位女士，最早她只是一名速记员。谈到她之所以能得到这个公司里所有女士都眼红的秘书职位时，罗伯特·达拉说："我在最初雇用她时，她的工作只是听取我的口述，记录内容，替我拆阅、分类及回复我的私人信件。她的薪水同公司其他普通的职员没什么两样。但是，同其他普通职员所不同的是，用完晚餐后，她还常常回到办公室来，并且积极地做那些本来不是她分内的、没有报酬的工作，并把她替我写好的回信和其他一些文件送到我的办公室来。她的能力增长很快，有时候替我写的信就同我写的一样。

"后来，当我的秘书因故辞职时，我自然而然地想到了她，因为她早已做着这样的工作，并且早已有了这样的能力。我多次提高她的薪水，直到她的薪水是普通职员的四倍。但是，这是没办法的事，她已经使她自己变得对我极有价值，是我的事业不能离开的帮手。"

第七章
你是否只做上司吩咐的工作

美国成功学大师拿破仑·希尔曾说："人与人之间只有很小的差异，但是这种很小的差异却造成了巨大的差异！很小的差异就是所具备的心态是积极的还是消极的，巨大的差异就是成功和失败。"

中国有位著名的企业家也说过："除非你愿意在工作中超过一般人的平均水平，否则你便不具备在高层工作的能力。"

社会在进步，公司在扩展，个人的职责范围也会跟着扩大。不要总拿"这不是我职责内的工作"为由来推脱责任，当额外的工作分摊到你头上时，这也可能是一种机遇。

卡洛·道尼斯刚开始在世界著名汽车制造商杜兰特手下工作时，职务低微，但很快他就被杜兰特先生当作左膀右臂，担任其下属一家公司的总经理。他之所以能升迁得如此迅速，原因就是他多做了一点职责外的事。他说："刚为杜兰特先生工作时，我就注意到，每天所有人下班后，都回家了，杜兰特先生依旧会留在办公室里继续工作到很晚。为此，我决定下班后也留在公司里。是的，确实没有人要求我这样做，但我觉得自己应该留下来，在杜兰特先生需要时为他提供一些帮助。

"工作时杜兰特先生常会找文件、打印材料，以前这些事都是他自己亲自来做。很快，他就发现我时刻在等待他的吩咐，久而久之逐渐养成召唤我的习惯。"

在当今的商业社会，传统的对待职业的态度，已经越来越不适应了，只做到恪守职责已远远不够。那些事事待命而行、满足于完成交付给自己的任务的员工，将会在工作竞争中越来越力不从心。只有那些像卡洛·道尼斯这样积极、主动，全身心投入工作中的员工，才是雇主、企业真正需要的人。

无论你的想法是什么，目标有多么远大，要实现它，你必须干得比其他人更多。不要像机器一样只做分配给自己的工作。一些看起来似乎是很平凡的事，你默默地多做一些，多承担些责任，多为公司和老板分担一些，公司和老板自然会给你更多的发展机会。

 职场行走指南

【八种情况你该辞职了】

1. 这份工作总让你生病；2. 创造力下降；3. 不再能学到新技能；4. 屡次和升迁擦肩而过；5. 工作重组与你无关；6. 付出得不到认可；7. 付出和回报不成正比；8. 对工作失去兴趣。

不要满足工作中尚可的表现

不要满足于尚可的工作表现，要做得更好，你才能成为不可或缺的人物。现在企业中，普遍存在着这样一种人，他们认为自己什么都做了。当任务完成得不理想时，他们习惯说："我已经做得够好了。"工作中习惯于说自己"做得够好了"的人是对工作的不负责任，也是对自己的不负责任。每个人的身上都蕴含着非常大的潜能，如果你能在心中给自己定一个较高的标准，激励自己不断超越自我，那么你就能摆脱平庸，走向卓越。

小赵在一家大型建筑公司任设计师，常常要跑工地，看现场，还要为不同的老板修改工程细节，异常辛苦，但她仍认认真真地去做，毫无怨言，她给自己立下了一条规则："要做就做好，否则就不做。"

有一次，老板安排她为客户做一个设计方案，时间只有三天。接到任务后，小赵看完现场，就开始工作了。三天时间里，她都在一种异常兴奋的状态下度过。她食不甘味，寝不安枕，满脑子都想着如何把这个方案做好。她到处查资料，虚心向别人请教。三天后，她把设计方案交给了老板，得到了老板的肯定。因工作认真，现在小赵已是公司里的红人了。老板不但提升了她，还把她的薪水翻了三倍。

后来，老板告诉她："我知道给你的时间很紧张，但我们必须尽快把设计方案做出来。如果当初你因此推掉这个工作，我可能会把你辞掉。你表现得非常出色，我最欣赏你这样工作认真的人！"

你在为谁工作
Who Are You Working For

任何一个老板都希望自己能拥有更多优秀的员工，而很少有老板能忍受那些表现平平却自以为是的员工。在工作中，老板根据员工在平时工作中的表现决定给谁升职或者加薪，是一件很平常的事。因此，如果你想使自己在工作中不断升值，首先要放弃的是"拿多少钱，做多少事"的想法。这个道理很简单，你觉得自己只拿了1000元的工资，便只做1000元的事，反过来，你的老板则会因你只是在做着1000元的事，而只给1000元钱的工资。促成这种平庸"交易"的最大原因，便是你没有给你的老板提供为你加薪和升职的理由，但你若拿1000元的钱，做了10000元的事，那情况自然会有很大的不同。

彼得现在是一家公司的老板，以前他只是一个普通的推销员。

他奋起的动因是他在一本书上看到的一句话：每个人都拥有超出自己想象10倍以上的力量。在这句话的激励之下，他反省自己的工作方式和态度，发现自己错过了许多可以和顾客成交的机会。于是，他制定了严格的行动计划，并付诸每一天的工作当中。两个月后，他回过头看看自己的进展，发现业绩已经增加了两倍。

数年以后，他已经拥有了自己的公司，在更大的舞台上检验着这句话。

每个人的潜力都是无穷的，如果你现在仍觉得自己表现平平，你的潜力一定还没有得到很好的挖掘。如果你满足自己在工作中尚可的表现，你也只能落入平庸者之列。事实上，面对激烈的竞争，即使甘于平庸，也不一定能获取平庸所需的安逸。

很久很久之前，一位地主要出门远行，临行前他把下人们叫到一起并把财产委托他们保管。依据他们每个人的能力，他给了第一个下人十两银子，第二个下人五两银子，第三个下人二两银子。拿到十两银子的下人把它用于经商并且赚到了十两银子。同样，拿到五两银子的下人也赚到了五两银子。但是拿到二两银子的下人却把它埋在了土里。

很长一段时间之后，他们的主人回来与他们结算。拿到十两银子的下人带着另外十两银子来了。主人说："做得好！你是一个对很多事情充满自信的人。我会让你掌管更多事情。现在就去享受你的奖赏吧。"

同样，拿到五两银子的下人带着他另外的五两银子来了。主人说："做得好！你是一个对一些事情充满自信的人。我会让你掌管很多事情。现在就去享受你的奖赏吧。"

最后拿到二两银子的下人来了，他说："主人，我知道你想成为一个强人，收获没有播种的土地，收割没有撒种的土地。我很害怕，于是把钱埋在了地下。"主人回答道："又懒又缺德的人，你既然知道我想收获没有播种的土地，收割没有撒种的土地，那么你就应该把钱存到银行家那里，以便我回来时能拿到我的那份利息，然后再把它给有十两银子的人。我要把银子给那些已经拥有很多的人，使他们变得更富有；而对于那些一无所有的人，甚至他们有的也会被剥夺。"

这个下人原以为自己会得到主人的赞赏，因为他没丢失主人给的那二两银子。在他看来，虽然没有使金钱增值，但也没丢失，就算是完成主人交代的任务了。然而他的主人却不这么认为。他不想让自己的下人只会没有出息地按要求行事，而是希望他们能主动些，变得更杰出些。

满足自己的尚可表现，是你通向卓越的最大障碍。事物永远没有"够好"的时候，只有把它"做到最好"才能真正成功。无论客户、上司还是老板，真正存心挑剔你的时候并不多，他们提出的要求，大多迫于某种正当的需要。上司怕工作质量影响业绩，老板则更是迫于市场的巨大压力而鼓励员工不断上进。他们因为无法对市场说"我已经做得够好的了"，因此也希望你不要对他们说"我已经做得够好的了"。市场是无情的，你有时可能只比竞争对手稍逊一点点，就会被淘汰出局。

当你在工作中积极进取，把尚可的工作成绩当成前进的基石，不断提高自己，你的一切都会随之改变。

 职场行走指南

【如何提升个人专业能力】

1.写文章，多发表个人见解，增加个人思考机会；2.大量看书，自学，但一定要选好书；3.多和圈里高手交流，听君一席话，胜读十年书，遇到不懂的多请教；4.建立个人文件管理系统，不断整理自己的原创；5.参加系统学习，找到短板，快速学习；6.实践，大量实践。

比别人多做一点点

无论你是管理者，还是普通职员，若能抱着"比别人多做一点点"的工作态度，你便可以从竞争中脱颖而出。你的老板、同事和顾客会关注你、信赖你，从而你也会拥有更多的机会。

这是一位成功推销员的经验，他在总结自己成功经验时说："你要想比别人优秀，就必须坚持每天比别人多访问 5 个客户。"

"比别人多做一点点"，多简单的一句话，却是很多事业成功者的取胜秘诀。

现实生活中，大多数人更愿意找些借口来搪塞，而不是努力成为优秀者。因为他们觉得自己必须有巨大的付出才能够成为优秀的人，而找个借口搪塞为什么自己不全力以赴让自己变得优秀，对他们来说，那可真是不用费什么力气。

真正的成功是将勤奋和努力融入每天的工作、生活中的一个过程。著名投资专家约翰·坦普尔顿通过大量的观察研究，得出了一条很重要的原理——多一盎司定律。盎司是英美重量单位，一盎司相当于 1/16 磅，在这里以一盎司表示一点微不足道的重量。

所谓"多一盎司定律"，即只要比正常多付出一丁点就会获得超常的成果。坦普尔顿指出：取得中等成就的人与取得突出成就的人几乎做了同样多的工作，他们所做出的努力差别很小——只是"多一盎司"。但其结果，所取得的成就及成就的实质内容方面，却经常有天壤之别。

我国著名企业海尔的产品合格率之所以能达到一个很高的水准，其秘诀就是运用了"多一盎司定律"。

由于电冰箱对当时的消费者来说是家庭中的大件，许多家庭买来之后，都放在房间的显要位置。基于此，海尔对冰箱的各项技术指标的要求均高于国家标准，其中主要的七项指标实测值均优于国际发达国家水平。为满足当时用户对高档家电的特殊需求，海尔对外观、噪音等的要求特别严格。如冰箱外观，国家标准要求是 1.5 米以内看不出划痕，而海尔的要求则是 0.5 米以内不得看出划痕；噪音国家规定为不超过 52 分贝，海尔的内控标准为不超过 50 分贝，加强了自身的"修炼"。

在工作中，有很多时候需要我们"多加一盎司"。多加一盎司，工作可能就大不一样。尽职尽责完成自己工作的人，最多只能算是称职的员工。如果在自己的工作中再"多加一盎司"，你就可能成为优秀的员工。尤其是我们应该为自己确立这样的工作标准：对自己的要求要适当地高于老板的要求。做到这一点，我们就一定能把工作做好。

当亨利·瑞蒙德在美国《论坛报》做责任编辑时，刚开始时他一星期只能挣到 6 美元，但他还是每天平均工作 13—14 个小时。往往是整个办公室的人都走了，只有他一个人在工作。

"为了获得成功的机会，我必须比其他人更扎实地工作。"他在日记中这样写道，"当我的伙伴们在剧院时，我必须在房间里；当他们熟睡时，我必须在学习。"后来，他成为了美国《时代周刊》的总编。

美国著名出版商乔治·W·齐兹 12 岁时便到费城一家书店当营

业员，他工作勤奋，而且常常积极主动地做一些分外之事。他说："我并不仅仅只做我分内的工作，而是努力去做我力所能及的一切工作，并且是一心一意地去做。我想让我的老板承认，我是一个比他想象中更加有用的人。"

"多一盎司定律"可以运用到人类努力的每一个领域中。这"一盎司"把赢家跟一些入围者区别开来。在朝气蓬勃的高中足球队中，你会发现，那些多做了一点努力，多练习了一点的小伙子成为了球星，他们在赢得比赛中起到了关键性的作用。他们得到了球迷的支持和教练的青睐。而所有这些只是因为他们比队友多做了那么一点努力。

在商业界，在艺术界，在体育界，在所有的领域，那些最知名的、最出类拔萃的人与其他人的区别在哪里呢？答案就是多勤奋、多努力那么一点儿。谁能使自己"多加一盎司"，谁就能得到千倍的回报。

多做一点是一个良好的习惯。你没有义务做自己职责范围以外的事，但是你却可以选择自愿去做，来驱策自己快速前进。率先主动是一种极珍贵、备受看重的素养，它能使人变得更加敏捷，更加积极。如今在每个公司，个人的工作内容相对比较确定，并不一定有许多"分外"之事让我们去做。

而且，当一个人已经完成了绝大部分的工作，付出了99%的努力，再"多加一盎司"其实并不难。但是，我们往往缺少的却是"多一盎司"所需要的那一点点责任、一点点决心、一点点敬业的态度和自动自发的精神。

比别人多做一点会使你最大限度地展现你的工作态度、最大限度地发挥你的天赋，让自身不断升值，成为一个真正的优秀的人。

职场行走指南

【别做职场"一次性筷子"】

1.挖掘自己的聪明才智，发挥自己的工作才能，让自己有价值；2.做个有目标的员工，让老板欣赏你，靠努力争取成功；3.要明确自己在老板心中是一个什么样的位置。

第八章
你拥有团队精神吗

在现代公司中，团队的命运和利益包含了每一个成员的命运和利益，没有一个人可以使自己的利益与团队相脱节，也没有人可以单凭一己之力去完成一项有规模的任务。

然而，尽管大多数人都懂得团队协作能带来诸多好处，但团队成员之间的协作远非人们希望的那样简单。因此，我们便常能看到一些业务专精的员工，仗着自己比别人优秀，或者合作时不积极，总倾向于一个人孤军奋战，然后拼死拼活，也未做出多大成就。其实他完全可以借助其他人的力量来使自己更优秀。

团队的力量最强大

地球上生活着的人类，就其本身的生理能量与许多其他动物比较，是非常弱势的。在地上，凶猛不过狮子和老虎，跑不过马和鹿，力气更比不过大象等动物；在天上，飞不过鹰和各种鸟；水里也游不过所有的鱼类。但是，几千年来，人类成了地球的主人。为什么？就是人类用智慧凝聚了团队的力量掌控世界。

团队力量是一条灿烂的生命。团队生命体现为汇聚和发散的力量，"聚是一团火，散是满天星"。当我们聚在一起，犹如熊熊烈火，在浴火重生中百炼成钢，生成无穷的力量；犹如澎湃大潮，在激情奔涌中引领社会，辐射广袤的大地。而当我们分开，每个个体就像繁星满天熠熠生辉，就像涓涓细流润泽苍生，就像缕缕阳光渗透角落。在团队中我们能获得强大的力量。

狼是最懂得团队的重要性的。它们每次狩猎成功都是团结合作的结果。当它们选定目标较大的动物时，它们会几只共同围着一个猎物，死死不放过，前面的狼被猎物摔倒了，另一只狼紧追上去，继续撕咬猎物，就这样直到猎物精疲力竭，倒在地上，而狼群通过合作获得了一顿大餐。

正是因为狼群懂得合作，所以，它们能捕捉到比自己大很多倍的动物。而如果是一只狼去捕捉，则绝大多数的情况都是以失败而告终。

所以，只有团结起来，才能保证强大的战斗力。一个人的智商再高，能力再强，对于现代这个信息迅速膨胀和全面爆炸的时代，人们每时每刻都在更新知识也不能全面掌握，即使你表现得再出色，也没有办法创造出团队所产生的价值。所以，"团结就是力量"，只有团结起来才能创造更大的成绩。如果一味强调个人的力量，那么就很容易造成团队的不和谐，形成内耗，这样对人对己都没有好处。

例如，在2010年的世界杯上，一路过五关斩六将的德国队，他们是一个优秀的足球团队，这支球队没有世界级的足球明星，但是却坚不可摧，团队中的每个人都是不可缺少的，他们各自发挥所长，相互配合，团结协作，一路冲杀，直至把一直被大家看好夺冠的阿根廷队打得落花流水。世界人民因此对德国队刮目相看，德国球队的成功并非偶然，而是团结合作而形成的必然结果。而恰恰相反，有些球队刚刚来比赛，不久就被淘汰了，例如法国队，法国曾经一度是世界杯上夺冠的热门球队，曾在1998年世界杯和2000年欧洲杯夺得冠军，但是，在这届世界杯赛场上，他们的表现真是令人失望，他们没有团结起来打比赛，而是专注于制造骚乱、搞内讧、开除球员、全队罢赛，结果他们连小组赛都没有进，就早早地回家了。

由此可见，只有融入团队中来，大家团结起来，互相帮助，团结协作，才能成就事业，才能摆脱困境。但是，有的人很自信，总认为自己才能超凡，没有必要需要别人的帮助，而这样的人就不适合在团队中工作。

有一个刚毕业的女生参加麦肯锡公司的招聘。她的履历和表现都非常出色，一路过关斩将，轻而易举地就冲到了最后一关。最后一关的题目是以小组形式集体面试，每当主考官提出问题后，这个女生总是抢先他人，滔滔不绝地回答一番，伶牙俐齿且气势咄咄逼人，根本不给小组其他成员一点发言的机会。考试结束后，她自信满满地走出考场，心里想，录取人员非我莫属了，然而，过几天招聘结果出来了，她落选了。这让她感到非常意外，她不知道自己到底犯了什么错误，后来在该公司的人力资源部的人员口中得知，人力资源经理认为尽管这个女生各方面能力都很突出，但是在最后一轮面试中，很明显可以看出她缺乏团队精神，这样的人在公司中工作，对公司的长远发展没有好处。

这名女生之所以没有被录取就在于她缺乏团队精神。难道团队精神竟然这么重要，以至于一个才华卓越的应聘者缺乏它就要遭到淘汰？即使你能力再强，但对优秀的团队力量来说，也是小巫见大巫。仅仅依靠个人的力量是难以成就大事的。

项羽在推翻秦王朝的战争中起了非常关键的作用，属于实力派人物，其势力远远超出刘邦，而且他"力拔山，气盖世"。若论单打独斗，别说他能以一当十，就是以一当百也不为过。在与刘邦争夺天下的过程中，一开始，只要他亲临战斗，则每战必克，刘邦则临战必败，但结果却是刘邦势力越来越大，而他的势力却越来越小，最终落得个被围垓下、自刎乌江的结局。

再看刘邦，不仅本领不如张良、萧何、韩信这"兴汉三杰"，而且还"好酒及色"，早在当亭长时，"廷中吏无所不狎侮"，简直就是地痞流氓。但在与项羽的战争中，却最终打败项羽，夺得天下，胜利还乡，高唱《大风歌》。为什么？刘邦在建国后的一次庆功会上，曾向群臣解释说："夫运筹帷幄之中，决胜千里之外，吾不如子房（张良）；镇国家，抚百姓，给饷馈，不绝粮道，吾不如萧何；连百万之众，战必胜，攻必取，吾不如韩信。三者皆人杰，吾能用之，此吾所以取天下者也。项羽有一范增而不能用，此所以为吾擒也。"

虽然刘邦把胜利的原因归结为他能识人用人，而项羽则不能识人用人。但从团队的角度看，刘邦的胜利，其实也是团队的胜利。刘邦建立了一个人才各得其所、才能适得其用的团队；而项羽则仅靠匹夫之勇，没有建立起一个人才得其所用的团队，所以失败是情理之中的事。

在现实的企业竞争环境内，个人的力量毕竟是有限的，而团队力量的发挥已成为赢得竞争胜利的必要条件，竞争的优势就在于你能比别人更能发挥团队的整体力量。一个优秀的团队，可以把企业带到永续经营的高尚境界；一个优秀的团队，可以更好地达成企业的经营和质量方针；一个优秀的团队，是企业战无不胜、走向成功的关键。

 职场行走指南

【关于团队】

1.团队都是为了某件事而存在的，所以执行力最重要，没有执行力的团队就失去了存在的意义；2.团队中每个成员都是齿轮，那个肯成为链条的人便显得尤为关键，不逞个人之能，带着所有齿轮转动；3.团队运行中内耗越小效率会越高，降低内耗是团队管理的第一要务。

团队赢则成员赢

小成功靠个人，大成功必须靠团队，没有完美的个人，只有完美的团队。一个人总会有自己的优势和不足，只有个人融入一团队，才能使自己获得更大的发展。总之，团队的成与败、荣与辱都与我们息息相关，也事关我们的荣辱与前程。团队的成功，也就是我们的成功；团队前途黯然，我们的前途也会很渺茫。团队的失败，也就是我们的失败。我们与团队共命运。

NBA 球员就是为团队而战。他们明白球队的命运，总是和自己的命运息息相关，如果球队能赢得比赛，那么团队成员也会因此获得很多殊荣，例如当球队赢得赛季总冠军，那么，球队每名成员都能获得一枚冠军戒指，而冠军戒指是每一个球员毕生的追求，也是他们最大的期望。反过来说，如果他们想要得到冠军戒指，就要寄托希望于团队，只有依靠团队成员的共同努力，才能获得团队的成功。球员和球队紧紧地捆绑了在一起。正如伟大的篮球之神迈克尔·乔丹曾经说过一句名言那样："一个伟大的球星产生于一个优秀的球队，而一个优秀的球队，也是造就伟大的球星的摇篮。"

当然，从古到今，任何时代都有英雄，人们往往崇拜英雄，认为英雄凭借个人的力量创造了伟大的业绩，其实不然，任何一个时代的英雄所创造的业绩都不是仅仅依靠他个人力量完成的。例如，英雄人物岳飞，人们崇拜他的忠肝义胆，有了他在，外敌就不敢入侵。但是每一场战役的胜利都不是依靠岳飞一个人的力量就能打赢的，它需要各位将领的出谋划策，需要战士们英勇拼杀。否则，岳飞再有能力、再英勇，他个人也敌不过成千上万的敌人。所以说，英雄有他的过人之处，但是，并非英雄个人能成就伟大，伟大是英雄背后的团队共同创造的。

我们绝大多数人都必须在社会机构中奠基自己的职业生涯，每个人都要融入企业这个大团队获得生存和发展，所以，需要团队成员在内心能树立这种和团队共命运的意识。把自己融入团队，让团队成为自己生命中不可分割的一部分。当团队成员能够有团队存我存，团队亡我亡的强烈的团队意识的时候，那么，这个团队便具有了超强的战斗力，那样的团队是无敌的。当然我们可以选择团队，我们可以选择更加优秀的团队来提高自己成功的概率。但是，如果成员不能把自己的命运和自己所服务的团队的命运紧密结合，没有强烈的团队意识。那么，成员就永远获得不了成功或者更大的成功。

团队就像是一艘驶往成功码头的大轮船，这艘轮船需要有很多人力去操作，很多物力去支持。为了保证这艘船能够正常前行，船长也就是公司的老板需要很多帮手。而这些帮手都只有一个共同的任务和目标——把自己分内的工作做到最好、最正确，并且尽力帮助同伴，共同协助管理者，努力将这事业做成功。这些帮手都要意识到自己身上责任的重大，如果自己没有做好，就可能影响到全局，自己的一个小小失误就可能导致整个团队走向失败。如果船上的帮手也就是每个团队成员都能这么想，每个团队成员都能意识到自己肩上的责任，那么，这个团队一定能顺利发展，这艘团队大船必然能顺利驶向成功。反之，如果团队成员工作不负责任，团队也许就可能因为其失职而有所损失，而所有的人也将因此遭受一定的损失。因此，任何时候，团队成员都应该和团队的每个人同舟共济，无论遇到什么情况，任何一个团队成员都应该负起责任来，和团队共命运，全心全意做好自己的工作。

既然成为团队中的一员，就要时刻和团队共荣辱。每个团队成员都是团队的代表，所以，团队成员应该注意自己的言行举止，着装礼仪，以免给团队抹黑。例如，当我们代表公司参加一些重要会议的时候，我们就要慎重选择服装，言谈都要有分寸，有礼仪，以便给他人留下良好的印象。否则，自己怪话连篇，着装脏乱，那么，就会有人说："某某公司虽然看起来做得很大，但是，他们的员工素质非常低，这样的公司不会有长远发展的。"所以，我们就是团队的脸面，千万不要因为个人形象问题，使他人对公司判断打折扣。

我们与团队共命运，所以，无论公司发生什么样的变故，我们作为团队成员都应该努力工作，让团队朝好的方向发展，只有团队长久发展，我们才能有更大的发展。即便这个团队已经濒临灭亡，但是，我们团队成员能够团结努力，也能创造奇迹，让企业起死回生。例如，海尔集团曾经就是一个债台高筑，濒临倒闭的工厂，结果，在张瑞敏的领导下，团队精诚协作，努力奋斗，工厂逐渐起死回生，并在之后获得辉煌业绩。所以说，任何时候，团队成员都要坚定信心，都要有永不后退的决心，这样团队才拥有顽强的生命力，保持长盛不衰的发展状态。当企业起死回生的时候，这样的团队成员必然是企业的功臣，因而获得丰厚的回报。即便是回天乏术，团队真的走向了灭亡，作为团队成员永不后退的优秀品质也会使他赢得巨大的财富。

当我们成为团队中的一员时，我们就要时刻准备为了"我们"舍弃部分"我"的利益。而当我们放弃小我成就大我的时候，我们就帮助了团队茁壮成长，也帮助了自己能在团队中长久发展。同时，我们这种甘于奉献的精神，也会得到团队的赞赏，赢得团队成员的尊重，这就为我们取得更大的成功铺就了道路，这个回报会比当初的付出大得多。这就实现了我和团队的双赢。

在工作中，公司是一个团队，这个团队给了我们展示才华的平台，给了我们精神的寄托，给了我们生活的保障。所以，我们没有理由不把团队当成自己最重要的一条生命线。没有了团队这个平台，我们就会像断线的风筝，飘浮不定，没有根基。所以，珍惜我们的团队。不要等到失去了我们才发现它的可贵。

 职场行走指南

【何谓优秀团队行事准则？】

1. 不挑剔责难、只解决困难；2. 重目标、轻过程，重结果、轻形式；3. 尊重个体差异、成就群体优异；4. 职位分工是混凝土、团队文化是黏合剂；5. 谨记：尺有所短、寸有所长；6. 不为自己失职找借口、只为别人工作留接口；7. 搞小团体的唯一作用就是毁了大团队。

合作才能走向未来

俗话说，"一个和尚挑水喝，两个和尚抬水喝，三个和尚没水喝。一只蚂蚁来搬米，搬来搬去搬不起，两只蚂蚁来搬米，身体晃来又晃去，三只蚂蚁来搬米，轻轻抬着进洞里。"上面这两种说法有截然不同的结果。"三个和尚"是一个团队，可是他们没水喝是因为互相推诿、不讲合作；"三只蚂蚁来搬米"之所以能"轻轻抬着进洞里"，正是合作的结果。

在很多情况下，单靠个人能力已很难完全处理各种错综复杂的问题并采取切实高效的行动。所有这些都需要人们组成团队，并要求组织成员之间进一步相互依赖、优势互补、共同合作，建立合作团队来解决错综复杂的问题，并进行必要的行动协调，开发团队应变能力和持续的创新能力，依靠团队合作的力量创造奇迹。

很久以前，在一座山上有一座寺庙，一天住持方丈派两个小和尚分别去管理山下两座已经废弃了的寺庙。第一个小和尚生性敦厚，待人热情，总是笑脸相迎，所以来的人非常多，但是没有认真地管理账务，结果入不敷出。虽然，寺庙里香火不断，但是寺庙却看起来破破烂烂，好长时间不去整理一次；因而，来这座寺庙里烧香的人也逐渐变少了。而第二个小和尚虽然管账是一把好手，也很注重寺庙的整洁，但他整天阴着个脸，太过严肃，搞得来他这里烧香的人越来越少。一天，住持方丈来到山下检查，发现了他们这个情况，他想了想，于是就把他们俩先放在同一个庙里，由那个爱笑的小和尚负责公关，笑迎八方客，于是香火旺。而让那个严肃的小和尚负责财务，严格把关。最后，在两人的分工合作中，庙里一派欣欣向荣景象，香火十分旺盛。

笑脸相迎的和尚不懂得理财，稍显懒惰，所以，他不能使香火兴旺；严肃的和尚过于严谨，不懂得接待人，所以，他也不能使香火兴旺。而两个人优势互补，合作才使香火兴旺起来。这告诉我们每个人身上都有自己的短板，合作可以规避自己的不足，单打独斗终究成不了大事业，用团队合作的方式才能把握住成功的希望。

一家公司有两个销售部，一个由陈某负责，另一个是由张某负责。同样是销售部门，但这两个部门不是相互配合，相互协作，而是相互拆台。两个部门的人你争我斗，相互挖部门员工，相互抢客户，最后因为斗得太厉害，工作不顺心，陈某辞去了这份工作，也与一个三十万利润的大订单擦肩而过。有些员工跟随陈某一起辞职了，因此张姓部门也失去了多名主力员工，也逐渐垮了下来。可见斗争只能是两败俱伤，损人不利己，合作才是硬道理，合作才能共赢。

张涛是一家公司八个部门业务经理中的一员，当其他几个经理因为有事外出的时候，他就主动帮助他们培训员工，帮他们解决工作中的问题。这样当他出差的时候，其他经理就会主动帮助张涛部门的人员工作。因为经理之间相互合作，其乐融融，结果公司越做越大，他们也从中获得了很丰厚的年终奖金。这就是团队的力量，这就是团队精神的体现。谁都会有需要别人帮助的时候，想要得到别人的帮助，首先不要吝啬帮助别人，互相帮助，互相配合，才能走向共赢。

团结合作能化绝望境遇为希望，能转变败局。加利福尼亚大学的一个学者，曾经做过这样一个实验。他把6只猴子平均分放在3间空房子里，每间两只，房子里分别放着一定数量的食物，但所放的位置和高度不同。第一间房子的食物就放在地上，第二间房子的食物分别从低到高悬挂在不同高度的位置上，第三间房子的食物悬挂在房顶。

几天后，他发现第一间房子的猴子一死一伤，受伤的猴子缺了耳朵断了腿，生命奄奄一息。第三间房子的猴子都死了。只有第二间房子的猴子活得好好的。

原来，被关进第一间房子里的两只猴子发现地上有食物，便为了争夺食物而相互争夺，结果一死一伤。第三间房子的猴子虽然做了很多努力，但因为食物挂得太高，难度非常大，总是够不着，结果被活活饿死。而第二间房子的两只猴子先是各自蹦跳取食。最后，随着悬挂食物的高度增加，难度增大，两只猴子就协作起来取得食物。于是，一只猴子托起另一只猴子跳起取食。这样，每天就都能获得食物，他们也生存了下来。

正所谓"同心山成玉，协力土变金"，团队合作能激发团体不可思议的潜力，合作能使个人的力量变得更强。

 职场行走指南

【如何在工作中让人喜欢你】

　　1. 出门照照镜子，给自己一个自信的微笑；2. 善于发现别人优点；3. 赞美；4. 主动、付出，别陪着人冷场；5. 接受别人递过来的零食；6. 多请人帮你小忙；7. 用心倾听，不打断对方的话；8. 说话有力，能感受到自己声音的感染力；9. 说话之前，先考虑对方的感觉。

融入团队，才能发展

在一个花园里，有一朵美丽的红玫瑰引来了众多人驻足欣赏，红玫瑰为此感到非常骄傲。但是，红玫瑰旁边一直蹲着一只花青蛙，红玫瑰认为自己美丽而花青蛙长得太丑陋，跟自己一点不谐调，于是，她强烈要求青蛙立即从她身边走开。青蛙只好无奈地离开了。没过多长时间，又一次，花青蛙经过红玫瑰身边时，惊讶地发现她已经枯萎凋谢了，叶子和花瓣都掉光了。青蛙说："你看起来很不好，发生了什么事情？"红玫瑰答道："自从你走后，虫子每天都在啃食我，我再也无法恢复往日的美丽了。"青蛙说："当然了，我在这里的时候帮你把它们都吃掉，你才成了花园里最漂亮的花。"

如果没有团队每个成员一点一滴的贡献，也就不会有团队的辉煌成就。所以，每个团队成员对于团队来说都是非常重要的，他们就像是团队这部大机器中不可缺少的零部件。只有团队中每个人都共同朝着一个目标努力，做好自己的分内事，才能使整个团队创造出辉煌的业绩。然而，有许多人都像红玫瑰一样自命清高，总认为别人对自己一点作用都没有。其实，我们每个人都有需要他人的地方。一个团队的成员不应该只注意个人名下的辉煌业绩，而是要看到在其背后的团队支持。企业发展最终靠的是全体人员积极性、主动性、创造性的发挥，有团队才有个人，每个人都要积极融入团队中。

但是，有人固执地认为自己的能力非常强，所以根本没有必要依靠团队力量帮助自己打造成功。但是一个人的力量就像一滴水，如果不能及时融入团队这个大海中，终究是要枯竭的。尤其是在这个知识经济时代，竞争已不再是单独的个体之间的斗争，而是团队与团队的竞争、组织与组织的竞争，任何困难的克服和挫折的平复，都不能仅凭一个人的勇敢和力量，而必须依靠整个团队。一个人是否具有团队合作的精神，将直接关系到他的工作业绩。几乎所有的大公司在招聘新人时，都十分注意人才的团队合作精神，他们认为一个人是否能和别人相处与协作，要比他个人的能力重要得多。所以说，真正优秀的员工不仅要有超人的能力、骄人的业绩，更要具备团队精神，为团队整体业绩的提升做出贡献。如果没有团队精神，能力再强的人，他的发展前景也是不良好的。

有一个能力很强的员工，在一次与客户的谈判中表现突出，为公司创造了良好的效益，得到了经理的高度赞扬。这次谈判使他更加认识到自己的价值，经理的赞赏使他觉得自己非同一般，能力超群了。之后，他在日常工作中，不再像以前那样和其他同事交往、沟通，而是总摆出一副自命不凡、自高自大、目中无人的态度，在公司里独来独往。这位员工的态度使得同事们渐渐疏远了他，都不愿意与他合作。于是，他成了被孤立的人，在许多事情上都陷入了极其尴尬的境地。在一次业务工作中，由于他的判断失误，给公司造成了不小的损失。同事的讥笑、经理的恼怒，使他无法再继续待下去，他很不体面地自行辞职离开了公司。

这名员工就太自以为是，其实，团队是一个人得以生存和发展的源泉，只有不断地和团队成员交流经验，取长补短，才能使自己有更大的发展。

融入团队能给我们带来很多好处。一方面，团队能给我们带来安全感，尤其是我们还在职业生涯初期时，还处在对职业探索阶段时，我们要在探索中学习经验、知识和技能，当我们感到资源不足时，团队能给我们提供学习机会、犯错的包容和发展空间。直到职业生涯中期以后，我们的经验、能力和资源都很充足了，才可能自立门户或自行创业，即使如此，在团体中的安全感仍大于"单打独斗。"

另一方面，团队能满足我们的心理需求。在团体中可以得到归属感、亲和力、自尊心以及自我实现等心理需求。归属感及亲和性，是因为工作场所已经构成了一个小型的社交联谊中心，当我们受到挫折时，会有人安慰，甚至会有人为我们打抱不平；当我们得到奖赏时，会得到很多人的恭贺和祝福。这些心理上的需求满足，能激发我们更大的创造欲望，能使我们更充分地发挥自己的才能，甚至激发出我们自己都不知道的自身潜能。

但是，在一些企业，总有些人抱怨自己怀才不遇，感慨工作环境不好，无法融入到团队而频繁地跳槽，这样的人往往也不是在行业中做得非常优秀的。原因就是没有找到自己与工作不合拍的根本原因，也就没有从根源上想办法去解决它。其实，在一个团队中，每个成员的优缺点都各不相同，我们生活在团队中，就应该多积极主动地寻找团队成员中积极优秀的品质，并且学习他们的良好品质。对于团队成员身上存在的缺点，我们应该引以为戒，防止自己身上也产生这些缺点，如果自己身上已经有这些缺点了，就及时改正。我们可以常常反省一下自己每天的生活，想一想为什么有人对你冷漠了，为什么有人对你的言辞有些犀利等等，然后分析原因，找出自己身上的不足，及时改正。这样就能使自己的品质和能力逐步提高，让自己的缺点和消极态度在团队合作中被消灭。如果不注意总结，不了解自己的优缺点，做出的事情有失偏颇，那么它将会成为你在团队中进一步成长的障碍。

在团队中，我们要注意培养与同事之间的感情，多跟同事分享对工作的看法，表示对他的工作感兴趣，对同事多些关心和问候，常和同事打招呼，做一个好听众，理解同事，多听取和接受他人的意见。总之，要跟每一位同事都保持友好的关系，否则，在团队中，如果你自己被孤立起来，那将是件很危险的事。融入是一种双方的相互认可、相互接纳，并形成行为方式上的互补互动性和协调一致性。自制力和感悟能力强的人，能够非常和谐自然地被群体接受，因此，也就会获得更多的发展机会和条件。

 职场行走指南

【如何让同事认同你】

1. 懂得准时；2. 不会的事情，坚持学习去做；3. 遇到困难，用微笑寻求帮助；4. 金钱不是炫耀的资本，彼此关怀最为重要；5. "您好"，坚持下去就是优势；6. 机会不主动让出，公平竞争彰显风度；7. 缺点不必隐藏，乐观求教；8. 下班不必最后走，规定时间内做好做完。

你在
为谁工作
Who Are You Working For

第九章
有人可以限制你吗

　　人之所以失败，并非因为没有理由向困难挑战，而是因为有太多理由在困难面前退缩。他们认为加大工作的难度，提高工作的标准，显然是为自己制造麻烦，因此在工作上不求有功，但求无过，使自己的人生在工作中彻底坠入平庸。

难度决定高度

无论你从事何种工作，担任什么样的职务，只要有可能，请想方设法多担待一些责任，不断提高工作标准，主动请缨解决工作中的疑难问题。如此一来，短期内你或许不会收到什么好的效果，但你若就此养成一种良好的习惯，用不了太长时间，你的个人价值便会在公司不断攀升，因为你加在自己工作上的难度，无疑决定了你工作的高度——一个能主动要求承担更多责任或有能力承担责任的人，是任何老板都在寻找的人。同时，这样的人也从来不愁没有发展和壮大自己的机会。

莎伦·莱希曾是三联公司的经理助理，那是位于伊利诺伊州斯科基市的一家地产公司。她系统地承担起了帮助经理开展工作的职责，而那样做意味着她的工作职责扩展到了包括一个办公室经理的责任。现在，她已经是这家公司的副总裁了。

莱希自己介绍说："当经理不在时，我就担负起了运营的全部职责。这个工作对我来说难度很大，但我想知道自己行不行。"

三联公司的老板莫什·梅诺拉对莎伦·莱希欣赏备至，他说："如果她不自己做给我看，我不会知道她在这方面的能力状况。任何老板都在寻找这样的人，她能主动承担起责任和自愿帮助别人，即使没有告诉她要对某事负责或者对别人提供帮助。"

艾思普力特公司的员工米莉·罗德里格斯，是另一个类似的例子。

第九章
有人可以限制你吗

　　米莉刚开始是艾思普力特公司的一名普通职员，工作不久，为了改良工作方法，她主动提出：从海外货物储备到预付款的运输项目，所有的服务和市场营销领域都应当运用后勤学原理。为了落实这一想法，她担负的责任不断增加，也使得自己在老板心目中的地位更加重要。不久，她便成为旧金山分公司的运输主管。对此，她的老板说："她为公司提出的建议不算新鲜，但完成起来很难，她很主动，而且完成了，她自然不会再是一名普通的职员。"

　　如果能主动积极地扩展自己的职责，增加自己的工作难度，提升自己的工作标准，你不仅可以得到更多的回报，而且，在这个过程中还可以学到更多的东西，从而有助于你更得心应手地把昔日的优势转变为未来的机会。

　　海尔为了发展整体卫浴设施的生产，33岁的魏小娥被派往日本，学习掌握世界上最先进的整体卫浴生产技术。在学习期间，魏小娥注意到，日本人试模期废品率一般都在30%～60%，设备调试正常后，废品率为2%。

　　"为什么不把合格率提高到100%？"魏小娥问日本的技术人员。

　　"100%？你觉得可能吗？"日本人反问。从对话中，魏小娥意识到，不是日本人能力不行，而是思想上的桎梏使他们停滞于2%。作为一个海尔人，魏小娥的标准是100%，即"要么不干，要干就要争第一"。她拼命地利用每一分每一秒的时间学习，三周后，带着先进的技术知识和赶超日本人的信念回到了海尔。

　　时隔半年，日本模具专家宫川先生来华访问见到了"徒弟"魏小娥，她此时已是卫浴分厂的厂长。面对一尘不染的生产现场、操作熟练的员工和100%合格的产品，他惊呆了，反过来向徒弟请教问题。

　　"有几个问题曾使我绞尽脑汁地想办法解决，但最终没有成功。

你在为谁工作
Who Are You Working For

"日本卫浴产品的现场脏乱不堪，我们一直想做得更好一些，但难度太大了。你们是怎样做到现场清洁的？100% 的合格率是我们连想都不敢想的，对我们来说，2% 的废品率，5% 的不良品率天经地义，你们又是怎样提高产品合格率的呢？"

"用心。"魏小娥简单的回答又让宫川先生大吃一惊。用心，看似简单，其实不简单。

一天，下班回家已经很晚了，吃着饭的魏小娥仍然在想着怎样解决"毛边"的问题。突然，她眼睛一亮：女儿正在用卷笔刀削铅笔，铅笔的粉末都落在一个小盒内。魏小娥豁然开朗，顾不上吃饭，在灯下画起了图纸。第二天，一个专门收集毛边的"废料盒"诞生了，压出板材后清理下来的毛边直接落入盒内，避免了落在工作现场或原料上，也就有效地解决了板材的黑点问题。

魏小娥紧绷的质量之弦并未因此而放松。试模前的一天，魏小娥在原料中发现了一根头发。这无疑是操作工在工作时无意间落入的。一根头发丝就是废品的定时炸弹，万一混进原料中就会出现废品。魏小娥马上给操作工统一制作了白衣、白帽，并要求大家统一剪短发。又一个可能出现 2% 废品的原因被消灭在萌芽之中。

2% 的责任得到了 100% 的落实，2% 的可能被一一杜绝。终于，100%，这个被日本人认为是"不可能"的产品合格率，魏小娥做到了，不管是在试模期间，还是设备调试正常后。

鉴于魏小娥的成功经验，海尔在全集团范围内掀起了向她学习的活动，学习她"认真解决每一个问题的精神"。

人之所以失败，并非因为没有理由向困难挑战，而是因为有太有理由在困难面前退缩。他们认为加大工作的难度，提高工作标准，显然是为自己制造麻烦，因此在工作上不求有功，但求无过，使自己的人生在工作中彻底坠入平庸。

对很多面向多元发展的公司而言，员工不求有功便是有过，长此以往，难免不会在某天清晨起来发现自己已被竞争者淘汰。

 职场行走指南

【何为人才？】

人才是利润最高的商品。能够经营好人才的企业最终是大赢家。企业需要各种各样的人才，但最主要的是三种人才：1. 能独立做好一摊事的人；2. 能带领一班人做好事情的人；3. 能审时度势，具备一眼看到底的能力，制定战略的人。

工作标准没有上限

韩国现代公司的人力资源部经理在谈到对员工的要求时这样说："我们认为对员工的最好的要求是，他们能够自己在内心中为自己树立一个标准，而这个标准应该符合他们所能够做到的最好的状态，并引领他们达到完美的状态。"

这位经理的话，无疑代表着现行社会下各家企业、公司较为普遍的用人观念。

如今，任何一家公司对员工的期望，都不再满足于公司规定怎么做，员工便去怎么做，而是期望员工能够自我加压、自我完善，成为能创造自己最大价值的人。这就要求员工心中必须具有对自己的高要求，这样才能达到自我管理、自我发挥的状态。

在各种行业中，零售业是最考验服务水平的行业。很多专家都研究过沃尔玛成功的原因，专家们得出"服务无上限"为其成功的最大原因，其结论有三：

其一，沃尔玛拥有全球性的信息网络，能够及时有效地反映全球的零售业变化；

其二，沃尔玛拥有整体高效的成本分摊系统；

其三，沃尔玛员工提供了优质而无挑剔的服务。

在沃尔玛的店面里，员工都以最高的工作标准警醒自己。员工的微笑服务、耐心、诚实早已是最基本的准则。他们追求的是向心中的完美状态迸发。拥有这样的员工的沃尔玛当然不可阻挡地成为零售业的巨头，甚至超过了很多实业公司，成为世界企业 500 强的第一名。而沃尔玛的员工也为自己是沃尔玛的一员而骄傲，因为这意味着优秀、完美和卓越。这便是员工用最高的标准要求自己，给企业和自己带来的巨大效益的秘诀之一。

美国的马丁·路德·金曾经说过："如果一个人是清洁工，那么他也应该像米开朗基罗绘画、像贝多芬谱曲、像莎士比亚写诗一样，以同样的心情来清扫街道。"假如你能以这种心态做事，目标的达成根本就顺理成章。

18 世纪的讽刺文学家、哲学家伏尔泰（1694—1778）创作的悲剧《查伊尔》公演后，受到观众很高的评价，许多行家也认为这是一部成功之作。但当时，伏尔泰本人对这一剧作并不满意，认为剧中对人物性格的刻画和故事情节的描写，还有许多不足之处。因此，他拿起笔来一次又一次地反复修改，直到自己满意才肯罢休。为此，伏尔泰还惹下了一场风波。

经伏尔泰这样精心修改后，剧本确实一次比一次好，但演员们却非常厌烦，因为他每修改一次，演员们总要重新按修改本排练一次，这要花费许多精力和时间。为此，出演该剧的主要演员杜孚林气得拒绝和伏尔泰见面，不愿意接受伏尔泰重新修改后的剧本。这可把伏尔泰急坏了，他不得不亲自上门把稿子塞进杜孚林住所的信箱里。然而，杜孚林还是不愿看修改稿。

有一天，伏尔泰得到一个消息，杜孚林要举行盛大宴会招待友人。于是，他买了一个大馅饼和十二只山鹑，请人送到杜孚林的宴席上。

杜孚林高兴地收下了。在朋友们的热烈掌声中。他叫人把礼物端到餐桌上用刀切开，当在场的人把礼物切开时，所有的客人都大吃一惊，原来每一只山鹑的嘴里都塞满了纸。他们将纸展开一看，却是伏尔泰修改后的稿子。

杜孚林哭笑不得，后来只好按伏尔泰的修改稿重新演出。这个修改稿一经演出，在社会上便引起了强烈的反响，取得了轰动效应。

伏尔泰是大作家，尚且如此兢兢业业，那么你呢？对每一个人来说，只有用高标准要求自己不断发现和改进自己作品的不足之处，才可能成就精美的作品和人生。

尽力将工作做到最好，力求完美、出色，这样，你良好的职业道德就蕴涵其中了。

坚持标准和质量可以提升自身的能力和素质，可以激发每个人的智慧和提升个人的工作能力。优秀的员工总是坚持自己或公司的做事标准，他们时刻要求自己把每一项工作当成事业来做。

日本的松下幸之助有一次发表讲话时说："看员工努力向上的情景，他感觉非常欣慰。在这令人忧患的时代，本公司能很快从战争所带来的混乱中站起来，迈向复兴，就是因为我们比任何创业者都更能争取上进。我认为人人必须不甘于平庸，努力向上，才能创造出佳绩。"

完美的标准就在于一种不断努力的过程。事实上很多人都不能够很好地理解标准没有上限这句话。他们在工作中都认为，只要做到了工作的全部要求，做到了工作的100分也就是达到了完美的状态。完美其实不是一种最终的结果，而是一种过程。在这种过程中，向完美进发的人对自我永远都处于不满足的状态中，他知道自己对于工作或者人生都是不完美的，即使自己在努力地按照要求来工作，但是这对完美来说还是不够。因为完美对应的是一种更高层次的人生境界。在这样的人生境界中，每个人都必须不断地努力才有可能获得进一步发展的机会。

职场行走指南

【培养自己的胆识】

1.不要常用缺乏自信的词句；2.不要常常反悔，轻易推翻已经决定的事；3.在众人争执不休时，不要没有主见；4.整体氛围低落时，你要乐观、阳光；5.做任何事情都要用心，因为有人在看着你；6.事情不顺的时候，歇口气，重新寻找突破口。

失败是工作的财富

可以肯定地说，没有人喜欢失败。因为，失败大多是一些令人痛苦的经验，甚至是让你的人生受到重创的体验。而人生中大大小小的失败，无疑会给人心里造成一种无形的压力，甚至是恐惧。其实，这大可不必。失败也是一个成果，需要你仔细诊断。对此，发明大王爱迪生似乎比所有人认识得更深，实践得更好。爱迪生为了得到一个正确的结果，实验时出过上百次错误，但他正是在错误中找到了正确的理论方向。当他某次为了寻找最合适做灯丝的材料再次失败后，他的助手叹口气说："唉，又失败了。""不，"爱迪生轻松地说，"错了！这是我们又成功地找出了一个不适合做灯丝的材料。"把失败看成是一次富有正面意义的成果，从失败中有所收获，这是成功者所需具备的一种绝佳心态，他们最懂得"失败乃是成功之母"这句话，往往会在失败的教训中获益，然后从失败中走向成功。

某大公司招聘人才，应者云集。其中多为高学历、多证书、有相关工作经验的人。

经过三轮淘汰，还剩下 11 个应聘者，最终将留用 6 个。因此，第四轮总裁亲自面试。

奇怪的是，面试那天，考场上出现 12 个考生。总裁问："谁不是应聘的？"坐在最后一排的一个男子站起身："先生，我第一轮就被淘汰了，但我想参加一下面试。"

在场的人都笑了，包括站在门口闲看的那个老头。

总裁饶有兴趣地问："你第一关都过不了，来这儿有什么意义呢？"男子说："我掌握了很多财富，因此，我本人即是财富。"

大家又一次笑得很开心，觉得此人要么太狂妄，要么就是脑子里进了水。

男子说："我只有一个本科学历，一个中级职称，但我有 11 年工作经验，曾在 18 家公司任过职……"总裁打断他："你的学历、职称都不算高，工作 11 年倒是很不错，但先后跳槽 18 家公司，太令人吃惊了，我不欣赏。"

男子站起身："先生，我没有跳槽，而是那 18 家公司先后倒闭了。"

在场的人第三次笑了，一个考生说："那你可真够倒霉的！"男子也笑了："相反，我认为这就是我的财富！我不倒霉，我只有 31 岁。"

这时，站在门口的老头走进来，给总裁倒茶。男子继续说："我很了解那 18 家公司，我曾与大伙努力挽救它们，虽然不成功，但我从它们的错误与失败中吸取了很多教训；很多人只是追求成功的经验，而我，更有经验避免错误与失败！"

男子离开座位，一边转身一边说："我深知，成功的经验大抵相似，很难模仿；而失败的原因各有不同。与其用 11 年学习成功经验，不如用同样的时间研究错误与失败；别人的成功经历很难成为我们的财富，但别人的失败过程却是！"

男子就要出门了，忽然又回过头："这 11 年经历的 18 家公司，培养、锻炼了我对人、对事、对未来的敏锐洞察力，举个小例子吧，真正的考官，不是您，而是这位倒茶的老人。"

全场 11 个考生哗然，惊愕地盯着倒茶的老头。那老头笑了："很好！你第一个被录取了。"

现实中，有不少人喜欢谈成功的经验，而不乐意谈失败的教训，因为谈起成功面上有光，而说到教训总感到脸上惭愧。其实，教训大可不必讳言，它与成功经验同等重要，都是把工作做好的推动力，都应引起我们的重视。

从失败中吸取教训，善待教训，无疑是智者的选择。大而言之，社会发展和科学技术的进步，无不是人们在经历过一次次失败与挫折之后吸取教训的结果；小而言之，对一个能够正确面对成败的人来说，教训一样可以催人奋进，激励自己去不断拼搏进取，使事业愈发有成。相反，不会从失败中吸取教训的人，迎接他的将是再一次的失败。

我们常讲"失败乃成功之母"，其实，教训也可以说是经验之"母"。成功固有经验可以总结，失败也有教训可以吸取。教训是对挫折与失败的理性思考，它告诉我们的是"不该"。

吸取教训，更加理性地分析产生问题的原因，从中寻找出带有普遍性的规律和特点，可以使我们对客观事物的认识更加准确深刻。教训既可以给遭遇挫折的人留下避免再次失败的路标，同时又可为他人留下前车之鉴。古今中外，有识之士无不从自己或他人的教训之中，寻找良方，避免重复的失误，从而获得成功。从这个意义上讲，失败无疑是一笔可贵的财富。

当你遇到挫折时，切勿浪费时间去算你遭受了多少损失。相反，你应该算算你从挫折当中，可以得到多少收获和资产。你将会发现你所得到的，会比你所失去的要多。

职场行走指南

【你为什么会失败】

1. 在自己目标面前，任何杂音都可以置之不理，你越纠缠，就会在泥潭中越陷越深；2. 你不应该恋战，一分钟都不要停留，只管继续上路；3. 实际上一个人只要不被自己打倒，谁也不可能打倒他；4. 那些倒下的人，99% 败在了自己的情绪和心态上，怨不得任何人。

方法总比问题多

美国总统罗斯福说："克服困难的办法就是找办法，而且，只要去找，就一定有办法。"

比尔·盖茨曾说："一个出色的员工，应该懂得：要想让客户再度选择你的商品，就应该去寻找一个让客户再度接受你的理由，任何产品遇到了你善于思索的大脑，都肯定能有办法让它和微软的视窗一样行销天下的。"

洛克菲勒也曾经一再地告诫他的职员："请你们不要忘了思索，就像不要忘了吃饭一样。"

在工作中，如果我们遇到了难题，就应该坚持这样的原则：找方法，而不是找借口。成功者找方法，失败者找借口。方法总比困难多，只要努力去找，解决困难的方法总是有的，而这些方法一定会让你有所收益。

美国福特汽车公司是美国最早、最大的汽车公司之一。1956年，该公司推出了一款新车。这款汽车式样功能都很好，价钱也不贵，但是很奇怪，竟然销路平平，和当初设想的完全相反。公司的经理们急得就像热锅上的蚂蚁，但绞尽脑汁也找不到让产品畅销的办法。这时，在福特汽车销售量居全国末位的费城地区，一位毕业不久的大学生，对这款新车产生了浓厚的兴趣，他就是艾柯卡。

艾柯卡当时是福特汽车公司的一位见习工程师，本来与汽车的销售毫无关系。但是，公司老总因为这款新车滞销而着急的神情，却深深地印在他的脑海里。他开始琢磨：我能不能想办法让这款汽车畅销起来？终于有一天，他灵光一闪，于是径直来到经理办公室，向经理提出了一个创意，在报上登广告，内容为："花56美元买一辆56型福特。"

这个创意的具体做法是：谁想买一辆1956年生产的福特汽车，只需先付20%的货款，余下部分可按每月付56美元的办法逐步付清。

他的建议得到了采纳。结果，这一办法十分灵验，"花56美元买一辆56型福特"的广告人人皆知。"花56美元买一辆56型福特"的做法，不但打消了很多人对车价的顾虑，还给人创造了"每个月才花56美元，实在是太合算了"的印象。

奇迹就在这样一句简单的广告词中产生了：短短3个月，该款汽车在费城地区的销售量，就从原来的末位一跃成为全国的冠军。

这位年轻工程师的才能很快受到赏识，总部将他调到华盛顿，并委任他为地区经理。

后来，艾柯卡不断地根据公司的发展趋势，推出了一系列富有创意的举措，最终坐上了福特公司总裁的宝座。

如同禾苗的茁壮成长必须有种子发芽一样，艾柯卡之所以成功，得到老板青睐，很大程度上取决于他勇于挑战难题。在复杂的职场中，正是秉持这一原则，艾柯卡不断力争上游，才得以成功。

生命是自己的，想活得积极而有意义，就要勇敢面对问题，向高难度的工作挑战，这是对自己生命的提升，也是让人生价值最大化的一个快捷途径。在工作中主动找方法解决问题并能找到办法解决问题的员工，总能在关键时刻抓住机会脱颖而出。

杨先生是浙江温州人，十多年前，他的一位远方亲戚在欧洲开饭店，邀请他过去帮忙。没料到，他到欧洲不久，亲戚就突然患病去世了，饭店很快也垮了。

杨先生不想回国，就在当地找了份工作。几年后，他到了一家中等规模的保健品厂工作。公司的产品不错，但知名度却很有限。

他从推销员干起，一直做到主管。一次他坐飞机出差，不料却遇到了意想不到的劫机。度过了惊心动魄的十个小时之后，在各界的努力下，问题终于解决了，他可以回家了。就在要走出机舱的一瞬间，他突然想到在电影中经常看到的情景：当被劫机的人从机舱走出来时，总会有不少记者前来采访。

何不利用这个机会，宣传一下自己的公司形象呢？于是，他立即做了一个在那种情况下谁都没想到的举动：从箱子里找出一张大纸，在上面浓描重抹了一行大字："我是公司的推销主管，我和公司的保健品牌安然无恙，非常感谢抢救我们的人！"

他打着这样的牌子一出机舱，立即就被电视台的镜头捕捉住了。他立刻成了这次劫机事件的明星，很多家新闻媒体都对他进行了采访报道。

等他回到公司的时候，公司的董事长和总经理带着所有的中层主管，都站在门口夹道欢迎他。原来，他在机场别出心裁的举动，使得公司和产品的名字几乎在一瞬间家喻户晓了。公司的电话都快打爆了，客户的订单更是一个接一个。董事长动情地说："没想到你在那样的情况下，首先想到的竟然是公司和产品。毫无疑问，你是最优秀的推销主管！"

董事长当场宣读了对他的任命书：主管营销和公关的副总经理。之后，公司还奖励了他一笔丰厚的奖金。

能够适应复杂化的工作并在这种变化中生存，是企业考核一名员工的关键因素之一。工作中，习惯逃避问题的人面对越来越多元和复杂的工作内容，常常表现得束手无策，而那些勇于面对问题的人，不仅能够很好地适应复杂的工作，还能够在压力下做出积极反应，甚至还能在压力中得到激励。有一个著名的企业家说："职员必须停止把问题推给别人，应该学会运用自己的意志力和责任感，着手行动，处理这些问题，让自己真正承担起自己的责任来。"如果一名员工能够很好地适应工作的复杂性，并勇于面对工作中的种种问题，成功的机会就会大大增加。

 职场行走指南

【问题就是机会】

1.公司的问题，是我们晋升的机会；2.客户的问题，是我们销售的机会；3.自己的问题，是我们成长的机会；4.同事的问题，是我们建立人脉的机会；5.老板的问题，是我们赢得信任的机会；6.竞争对手的问题，是我们变强的机会！

问题到此为止

美国总统杜鲁门上任后，在自己的办公桌上摆了个牌子，上面写着"Book of stop here"，即"问题到此为止"，就是让自己负起责任来，不要把问题丢给别人。由此可见，责任在这位总统的心中占据着多么重要的位置。

一个负责任的员工富有开拓和创新精神，他绝不会在没有努力的情况下，就为自己找借口推卸责任。他会想尽一切办法完成公司交给的任务，让"问题到此为止"。条件再困难，他也会创造条件；希望再渺茫，他也能找出许多方法去解决。

美国一家公司在韩国订购了一批价格昂贵的玻璃杯，为此美国公司专门派了一位官员来监督生产。来到韩国以后，他发现，这家玻璃厂的技术水平和生产质量都是世界第一流的，生产的产品几乎完美无缺，他很满意，就没有刻意去挑剔什么，因为韩方自己的要求比美方还要严格。

一天，他无意当中来到生产车间，发现工人正从生产线上挑出一部分杯子放在旁边。他上去仔细看了一下，没有发现两种杯子有什么差别，就奇怪地问："挑出来的杯子是干什么用的？"

"那是不合格的次品。"工人一边工作一边回答。"这难道不是质检部门的事吗？""是，但我们必须让问题到此为止。""可是我并没有发现这些杯子有什么问题啊？"

第九章
有人可以限制你吗

"你仔细看，这里多了一个小的气泡，这说明杯子在制造的过程中漏进了空气。"

"可是那并不影响使用啊？"

工人很自然地回答："我们既然工作，就不能将有问题的产品送出去。任何的缺点，哪怕是质检未检查出来，对于我们来说，也是不允许的。"

"那么这些次品一般能卖多少钱？" "10美分左右吧。"

当天晚上，这位美国官员给总部写信汇报道："一个完全合乎我们的检验和使用标准、价值5美元的杯子，在这里却被在无人监督的情况下用几乎苛刻的标准挑选出来，只卖10美分。这样的员工堪称典范，这样的企业又有什么可以不信任的？我建议公司马上与该企业签订长期的供销合同，我也没有必要在这里了。"

任何一家想在竞争中取胜的公司都必须设法先使每个员工将自己的工作做到最好，只有这样才能生产出高质量的产品，为顾客提供优质服务。

大多数情况下，人们会对那些容易解决的事情负责，而把那些有难度的事情推给别人，这种思维常常会导致我们工作上的失败。责任的最佳典范是给加西亚将军送信的安德鲁·罗文中尉。这个被授予勇士勋章的中尉最宝贵的财富不仅是他卓越的军事才能，还有他优秀的个人品质。

那是在多年前，美西战争即将爆发，为了争取战场上的主动，美国总统麦金莱急需一名合适的送信人，把信送给古巴的加西亚将军。军事情报局推荐了安德鲁·罗文。罗文接到这封信之后，没有提出任何完成任务的困难，孤身一人出发了。整个过程是艰难而又危险的，罗文中尉凭借自己的勇敢和忠诚，历经千辛万苦，冲出敌人的包围圈，把信送给了加西亚将军——一个掌握着军事行动决定性力量的人。

罗文中尉能够完成任务，凭借的不仅仅是他的军事才能，还有他在完成任务过程中所表现出的"一定要将问题解决"的责任感。

失败的人之所以陷入失败，是因为他们太善于找出种种借口来原谅自己，糊弄自己的工作。而成功的人，头脑中只有"想尽一切办法，让问题到此为止"这样的意识。因为在他们心中，解决问题就是他们的责任，也为他们打开了通往成功的大门。

 职场行走指南

【努力做第三类人】

1. 有些人头脑中只有问题，没有解决问题的方法，问题永远存在，这是抱怨者；2. 有些人能够看到问题，并同时思考出解决问题的方法和路径，这是管理者；3. 有些人在问题出来之前就把问题消灭掉了，这是智慧者；4. 有些人没有问题，却自己创造了一堆问题，纯粹是庸人自扰。

不要忘了勤奋

无论时代怎样变迁，都不要忘了勤奋，勤奋是你最大的资本。

在一家公司里，并非具有杰出才能的人就容易得到提升，而是那些勤奋刻苦，并有良好技能的人才有更多的机会。

俗话说，一勤天下无难事。勤奋刻苦是一所高贵的学校，所有想有所成就的人都必须进入其中，在那里可以学到有用的知识，独立的精神和坚忍不拔的习惯也会得到培养。勤劳本身就是财富，如果你是一个勤劳、肯干、刻苦的员工，就能像蜜蜂一样，采的花越多，酿的蜜也越多，你享受到的甜美也越多。

曾有人问李嘉诚的成功秘诀，李嘉诚讲了一则故事：

日本"推销之神"原一平在 69 岁时的一次演讲会上，当有人问他推销的秘诀时，他当场脱掉鞋袜，将提问者请上讲台，说："请你摸摸我的脚板。"

提问者摸了摸，十分惊讶地说："您脚底的老茧好厚呀！"原一平说："因为我走的路比别人多，跑得比别人勤。"提问者略一沉思，顿然醒悟。

李嘉诚讲完故事后，微笑着说："我没有资格让你来摸我的脚板，但可以告诉你，我脚底的老茧也很厚。"

人生中任何一种成功的获取，都始之于勤并且成之于勤。勤奋是成功的根本，既是基础，也是秘诀。一个人要取得成功，唯一的捷径就是踏踏实实，摆脱浮躁的情绪，认真对待自己的工作。

命运掌握在勤勤恳恳工作的人手上，所谓的成功正是这些人的智慧和勤劳的结果。即使你的智力比别人稍微差一些，你的实干也会在日积月累中弥补这个弱势。

在工作中，许多人都会有很好的想法，但只有那些在艰苦探索的过程中付出辛勤工作的人，才有可能取得令人瞩目的成果。同样，公司的正常运转需要每一位员工付出努力，勤奋刻苦在这个时候显得尤其重要，而你的勤奋的态度会为你的发展铺平道路。

绝大多数初入职场的年轻人，不管在哪个领域，从事什么样的工作，都会经历一段或长或短的"蘑菇"期。在那段时间里，年轻人就像蘑菇一样被置于阴暗的角落（在不受重视的部门，做着打杂跑腿的工作，时常会感到一种不公（无端的批评、指责、代人受过，处于自生自灭的状态），得不到必要的指导和提携。无论多么优秀的人才，在工作初期都有可能被派去做一些烦琐的事情。在这种情况下，勤奋便显得尤为重要。

台湾传奇人物王永庆，15岁小学毕业后被迫辍学，在台湾南部一家米店当小工。他并没有因为自己的工作卑微而敷衍了事，而是踏踏实实地做好自己手上的每一件事。除完成送米工作外，他悄悄观察老板怎样经营，学习做生意的本领，因为他总想：假如我也能有一家米店……

第二年，王永庆请父亲帮他借了200元台币，以此做本钱，在自己家乡嘉义开了家小米店。王永庆踏实认真的做事风格又一次得到了体现。小店刚开始经营时困难重重，因为附近的居民都有固定的米店供应，王永庆只好一家一家登门送货，好不容易才争取到几家住户同意用他的米。他知道，如果服务质量比不上别人，自己的米店就要关门。

于是，他特别在"勤"字上下工夫，甚至趴在地上把米里的杂物一粒粒拣干净。

为了多争取一个用户，他还会深夜冒雨把米送到用户家中。他的服务态度很快赢得了众多用户，业务逐渐开展起来了。

不久，王永庆又开设了一个小碾米厂，由于他处处留心，经营水平日渐高超。再加上他勤快能干，每天工作十六七个小时，克勤克俭，业务范围逐渐拓宽。此后，又开办了一家制砖厂。

发迹的王永庆成为了台湾传奇式的人物。他成功的原因之一，正是王永庆本人常常提及的"一勤天下无难事"的道理。王永庆有一次在美国华盛顿企业学院演讲时，谈到了他一生的坎坷经历。他说："先天环境的好坏，并不足为奇，成功的关键完全在于一己之努力。"

成功赞叹那些勤奋的人，不管你正处于"蘑菇"时期，还是你做的工作很单调很琐碎，你都应该认真做好每件事情，加速自己的成长。如果你是有志于工作的人，每天都应该问一问自己："我勤奋了吗？"

勤奋敬业的精神是走向成功最为坚实的基础，与之相反，懒惰则是成功的天敌。无法想象一个总是投机取巧的人能够获得怎样的成功？一个整日偷懒的人如何找到山头之口？

年轻的约翰·沃纳梅克每天都要徒步4公里到费城，在那里的一家书店里打工，每周的报酬是1美元25美分，但他勤奋刻苦的精神让人感动。后来，他又转到一家制衣店工作，每周多加了25美分的工资。从这样的一个起点开始，他勤奋刻苦地工作，不断地向上攀登，最终成为了美国最大的商人之一。1889年，他被哈里森总统任命为邮政总局局长。

幸福需要勤奋去营造，成功需要刻苦的工作。即使你天资一般，只要勤奋工作，就能弥补自身的缺陷，终究成为一名成功者。

　　据说，古罗马人有两座圣殿：一座是勤奋的圣殿；另一座是荣誉的圣殿。他们在安排座位时有一个秩序，就是人们必须经过前者，才能达到后者。它们的寓意是：勤奋是通往荣誉的必经之路。那些试图绕过勤奋寻找荣誉的人，势必会挡在荣誉的大门之外。

　　勤奋是检验成功的试金石。如果你对自己未来的工作充满梦想，如果你想让你的工作使自己富有一生，请勤奋工作，从现在开始。

 职场行走指南

【勤奋改变一切】

　　1. 勤劳一日，可得一夜安眠；2. 勤劳一生，可得幸福长眠；3. 一勤天下无难事，勤能补人之拙，奋能让人上进；4. 勤奋意味着付出，更意味着收获和成功。

平凡的工作不平凡

平凡是生命的常态，我们要甘于平凡。在现实社会中，像爱因斯坦这样的非凡者，毕竟是几个世纪才出一个。做大事的人毕竟是少数，多数人从事的是平凡的工作。而社会的基础正是无数平凡人的平凡劳动。更何况就算是大事，比如开凿海底隧道、发射宇宙飞船、建造地下高铁等宏伟大计，也是千百万人的具体劳动所凝聚的。如果人人都不屑于去做平凡的事情，或对自己平凡的工作不尽心尽职，普天之下，就没有"大事"可言了。

平凡的人好比是机器上的螺丝钉，虽然不是其中的关键零件，但是少了他们是万万不行的。正是因为有了千千万万这样的平凡的"螺丝钉"，社会才得以不断向前进步和发展。机遇对每个人都是平等的，看你是否去寻找，是否能在平凡的事情中做出不平凡的成绩来。一切不平凡的成绩都出于平凡，把每件平凡的事情都做得很好，就是不平凡。

有些人在平凡的岗位上做出了不平凡的成绩，成为不平凡的人，但更多的人却始终平凡。在人生舞台上，不可能人人都跻身于"名人"的行列。如果做不成"红花"，就甘当一片"绿叶"；如果做不成"名家"，就不妨做一根"火柴"，点亮一片黑暗；如果长不成"参天大树"，就努力做一株"小草"，倾力染绿一方土地……壮丽的人类史篇是由少数伟人和无数"绿叶""火柴""小草"相辉映而成的。

你在为谁工作
Who Are You Working For

　　杜鲁门当选为美国总统不久，有一位客人前来拜访他的母亲，客人笑着说："有哈里这样的儿子，你一定感到十分骄傲吧。"杜鲁门的母亲赞同地说："是这样，不过，我还有一个儿子也同样使我感到骄傲，他现在正在地里挖土豆呢。"杜鲁门的母亲实在是一位伟大的母亲，她的心是公正、公平、无私的，在她的眼中，当总统的儿子和挖土豆的儿子都让她感到骄傲。的确如此，总统和农夫都值得骄傲，只是职业分工有所不同而已。

　　生活原本也是如此。所谓春兰秋菊，各有千秋；红花绿叶，各有其妙。"英豪伟人"应该重视，"平凡的大众"也不能忽略。只要不平庸，平凡和伟大一样令人自豪。我们每一个人都要学一学杜鲁门的母亲，无论世间的每一个人身居何职何位，都能平等视之，没有贵贱之分，没有世俗的功名利禄所在。

　　我们要甘于平凡。甘于平凡，就是甘于不为人所知，不问名不问利，踏实、勤恳、愉快地投入到平凡的工作中去，争取做出不平凡的业绩。伟大固然可敬，但平凡也必不可少；平凡虽然不惹眼，却有着无穷的力量；平凡并不可耻，我们不能拒绝平凡。

　　王顺友是木里藏族自治县邮政局的一个普通的苗族邮递员。一个20年来每年都有330天以上独自行走在邮路上的邮递员；一个在雪域高原跋涉了26万公里、相当于走了21趟二万五千里长征、绕地球赤道6圈的普通的平凡的人。

　　王顺友最能感动世人之处，恰恰在于他的平凡本色——他是一个真正与普通群众"零距离"的模范。

　　他既不是领导干部，又不是博士专家，甚至连一个村子、一个生产班组的"带头人"都不是。他的工作没有太高的技术含量，只是翻山越岭去送信，但一送就认认真真地送了20年。

第九章
有人可以限制你吗

与那些放弃国外高薪礼聘毅然回国的人不同，王顺友接父亲的班后，当上了乡邮递员并得到一份稳定收入，除此之外，他并没有更多的改善自己经济条件的人生机遇。

王顺友坦言："我干的是苦差，挣的是苦钱。"面对人生艰辛，他别无选择，但他敢于面对、勇于负责。为保护邮包，他曾与劫匪横刀对峙，曾纵身跳入洪水急流。

这些在别人看来的英雄行为，在王顺友眼里，只不过是一个老实的人在做的分内事。

王顺友不是不食人间烟火的圣人，而是一个平凡得不能再平凡的人。但是，正是在这种平凡中我们看到了伟大。珍惜每一次是我们在平凡人生中可以做到的。做到了这样的每一次，我们的平凡就有了体积和力量，有了自身的光彩和韧性。

做人不要小看平凡。越是平凡的地方越真实，越是平凡的人越诚实，越是平凡的事情越能干出不平凡的业绩。

 职场行走指南

【什么人不能被提拔】

1.不诚实正直的人；2.注意力集中在别人"弱点"上的人；3.对"谁是正确的"比"什么是正确的"更在意的人；4.将才智看得比品德更重要的人；5.害怕手下强过自己的人。

可以平凡，绝不平庸

　　"平凡"与"平庸"两词仅一字之差。在现实生活中，不少人将它们通用，比如形容一个人：他很平凡或他很平庸，意思相近，几乎代表了同一个意思，但相近不代表相同，它们的差别在哪里呢？简而言之，所谓"平凡"，就是平常，不稀奇；所谓"平庸"，就是寻常，无作为。

　　由上可知，"平凡"与"平庸"虽然一字之差，但实际意义却大相径庭！有人曾以螺丝钉作喻，形象地表达出两者的不同——平凡的人就像是普通的螺丝钉，需要他的地方，他总能贡献自己的一分力量。而平庸的人则像是废弃的螺丝钉，并没有多少作为。所以，我们的人生可以是平凡的，但绝不能是平庸的。

　　平凡的人总是随处可见：保洁员、工人、农民、教师……他们是平凡的，他们在平凡的岗位上默默地奉献自己，创造出了许多的不平凡！因为有那些平凡的保洁员，我们的城市才得以维持整洁和美丽；因为有那些平凡的建筑工人，才有一幢幢豪华气派的高楼大厦；因为有那些平凡的农民，我们才不用担心温饱问题；因为有那些平凡的教师，才有今天的国家栋梁、桃李芬芳。这些都是平凡的人们在平凡的岗位中创造的，所以，我们说平凡并不代表没用，更何况，许多的不平凡的人也正是从平凡中一路走来！

　　不平凡的平凡人实在是太多了，当然，平庸的人也一样充斥在生活的角角落落！

　　平庸的人往往会瞧不上平凡的人，平庸的人往往整日无所事事，平庸的人还有自吹自擂的嗜好。有一些外表华丽，内心却很冷漠的人，他们内心鄙夷扫大街的保洁员，轻视那些淘废品的拾荒者，也瞧不起衣着朴素的农民，他们还会向那些不小心撞到他们的人投去憎恶的眼神，甚至对其进行言语侮辱……这些人不懂得什么叫谦虚，不懂得什么叫忍让，更不懂得什么叫内涵，是不折不扣的平庸之人。

　　李平在机关上班，一天，他就调动工作一事征求朋友的意见。原来的工作单位是国家的一个部级单位，他的专业是法律，现在的职务是正处长。近期以来，他们单位在进行一系列的改革，他的工作业务一下子减少好多，变得日益清闲起来。这时，有两家他们原来的下属企业都向他发出了邀请，有意让他去主持一个部门的工作。

　　李平很犹豫：一是自己现在是处级，在现在的单位老实地干下去，退休前混个局级应该说没有多大问题，如果到一个新单位会怎么样？二是这么多年在机关，到企业后能否适应？三是如果动的话，应该去哪一家企业？

　　朋友告诉他："既然现在无事可做，在此处再待下去就是养老。从机关到企业是有个适应的过程，现在才30多岁就没有勇气去做了，那么以后更不会有这样的勇气。"朋友接着说："做什么都有风险，可是我们30多岁，正是人生的黄金时期，这时候什么都不做才是最大的风险。具体去哪家，你比我了解情况，你自己做决定。"这件事情的结局是，李平没有听进朋友的意见，仍然待在原来的单位。

　　在我们有限的生命中，我们做任何事情都会有风险，但是，如果什么都不做，安于平庸混日子，那才是最大的风险。

　　平凡的人，往往会在平凡中找准自己的位子，并默默地付出，因为他们追求一种充实的人生。而平庸的人，往往会迷失自己的前进方向，然后随波逐流，任自己的心灵因现实的阴霾而变得浑浊不堪。所以，我们要坚决拒绝平庸，特别是在这个物欲横流的现代社会里，更要把握好人生的舵，找对自己的位置，即使位置是平凡的，也不要陷入平庸！

2009 年 7 月的《云南信息报》上曾刊登过一篇题为《云南一公务员拒绝碌碌无为，重温创业激情》的文章。

时下流行考公务员，可偏偏有一位不满 28 岁的小伙子，狠心辞去干了 5 年的公务员职位，携同妻女来昆明闯荡，要想自己创业当老板。小伙子名叫许单，生于 1981 年。中专毕业后分配到某乡镇林业局工作，每天上班 2 个小时左右，每月薪水 2 000 元左右，一晃 5 年过去了。回忆起这 5 年，许单印象最深的是生活的单调和逝去的激情。

"如果人生就这么一天天浪费下去……"许单说，他认为这不是自己要的生活。许单在学生时代就很有干劲，自己开过饭馆、卖过电脑。眼下，距离年少的那种意气风发已经越来越遥远。犹豫了 1 个月之后，他在众人的惋惜声中辞掉那个所谓的"铁饭碗"，带着妻女登上了来昆明的火车。

"我要创业。"辞职之前，许单酝酿已久，准备加盟一家全国连锁的小吃店。来昆明的第二天，他便开始寻找起店铺来，可是这个"寻找"的过程让他倍感艰辛。一张最新版昆明地图是他仅有的助手。短短 10 天，许单从他目前的居住地关上出发，凭借着他那双腿走过昆明的大街小巷。他每发现一个出租的店铺，就用笔大致地标记下地理位置，并前去探听转让费及人流量情况。10 天来他早出晚归，每天 7 点起床，快凌晨才上床睡觉，走破了一双厚袜子，但仍然没有找到合适的铺面。

"也不是一无所获，还是将昆明熟悉了一遍。"许单自我安慰地笑笑。他表示，创业第一炮还未打响，他将继续努力，争取在 1 个月内找到合适的店铺，在 3 个月内新店开张。"年轻人累点没关系，就怕百无聊赖。"许单说。

成功的人绝对不会以平庸的表现自满。日本直销天王中岛薰说过："我向来认为自己最大的敌人就是自满，一次新的成功永远只是一个新的起点，而不是终点。"百万富翁想当千万富翁，千万富翁想当亿万富翁，亿万富翁想角逐《财富》排行榜。成功是一种思维习惯，更是一种行为习惯。一个成功的人不断地追求成功，所以他才与平庸绝缘，才更成功。

 职场行走指南

【赚钱靠的是钱以外的本事】

1.第一是做人的能力，特别是做人的姿态，要将自己的姿态放低；2.第二是价值观，价值观是判断是非善恶的简单标准；3.第三是毅力和耐心，时间能考验坚持的力量；4.第四种是你对未来的看法，要看别人看不见的地方，算那些算不清的账，做别人不做的事。